地域规划理论与实践丛书

名家谈规划

（第二版）

王新文　等编著

中国建筑工业出版社

图书在版编目（CIP）数据

名家谈规划／王新文等编著．—2版．—北京：中国建筑工业出版社，2012
（地域规划理论与实践丛书）
ISBN 978-7-112-14105-0

Ⅰ.①名… Ⅱ.①王… Ⅲ.①城市规划-文集 Ⅳ.①TU984-53

中国版本图书馆CIP数据核字（2012）第037725号

责任编辑：王莉慧 黄 翊 何 楠
责任校对：张 颖 陈晶晶

地域规划理论与实践丛书
名家谈规划（第二版）
王新文 等编著
*
中国建筑工业出版社出版、发行(北京西郊百万庄)
各地新华书店、建筑书店经销
北京嘉泰利德公司制版
北京方嘉彩色印刷有限责任公司印刷
*
开本：787×1092毫米 1/16 印张：10 字数：230千字
2014年12月第二版 2014年12月第四次印刷
定价：71.00元
ISBN 978-7-112-14105-0
(22143)

地域規劃理論与實踐叢書

吳良鏞署

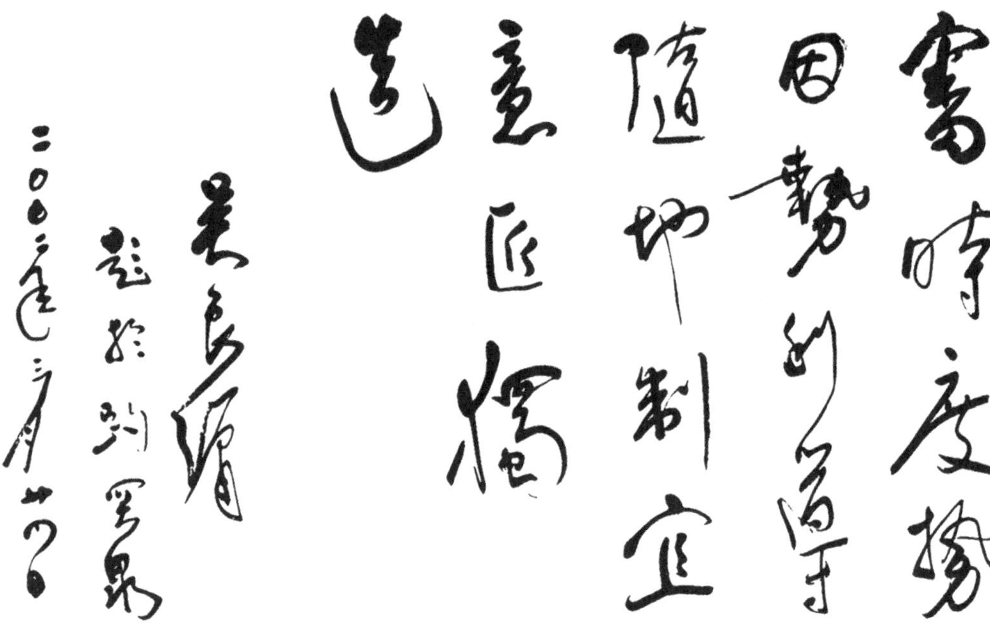
審時度勢
因勢利導
隨地制宜
意匠獨造
吳良鏞

“地域规划理论与实践丛书”编委会

跋 涉
（代序）

“让人们有尊严地活着”，“诗意地栖居在大地上”，这是规划人的梦想。为了圆梦，规划人跋涉在追求梦想的山路上……

城市让生活更美好。亚里士多德曾说：“人们为了生活来到城市，为了生活得更好留在城市。”三十多年前，国人梦想着自己能生活在城市。今天，超过一半的国人生活在城市中。沧海桑田、世事变迁，这是一个“创造城市、书写历史”的伟大时代。

作为一名规划人，期望能在这历史洪流中腾起一朵思辨与行动的浪花，为这个时代和唱。十年弹指一挥间，我们在理想与现实、道德与责任、理论与实践、历史与未来之间，不断思考规划的价值与理想，不断探索规划的真理和规律，不断追求理论与实践的统一。“跋涉”，或许最真切地表达了共同经历着这场变革的规划人的心路历程。

“漫漫三千里，迢迢远行客。”跋涉虽艰，我们却心怀梦想。

理想与现实

有人慨叹，规划人都是理想主义者。诚然，现代城市规划自诞生之日起，就有与生俱来的理想主义基因。霍华德的“田园城市”、欧文的“协和村”、傅里叶的“法郎吉”，都受到其时空想社会主义等改革思潮的影响，充满了“乌托邦”式的理想主义色彩。霍华德说，“将此提升到至今为止所梦寐以求的、更崇高的理想境界”，道破一代又一代规划人的纯真和烂漫、理想与追求。

其实，规划人远不是空有理想和抱负那么简单。如吴良镛先生在《人居环境科学导论》中所说，规划乃“理想主义与现实主义相结合”，规划者应成为沟通理想与现实的桥梁，不仅可以勾勒出理想的山水城之愿景，更要学会寻觅实现蓝图之途径。这注定不是一条坦途，但我们必须清醒回答的首要问题是：为谁规划？如何规划？

要“为民规划”。坚持“唯民、唯真、唯实”的价值取向，倡导“科学、人文、依法”的核心理念，践行“公开、公平、公正”的基本原则……在跋涉中我们感悟：规划人要有自己的价值观和行为准则，解决好“为谁规划”的问题，既是价值取向，也是现实智慧，它能使规划者最终远离碌碌平庸的工匠角色，成为有良知与正义的社会利益沟通者和平衡者。

要“务实规划”。以实践为标准，再好的规划不能实施都是“空中楼阁”，一切从实际出发，既要努力提升规划的科学性，也要致力于增强规划的实施性。规划人应抱有科学务实的现实态度，懂得分辨哪些是要始终追寻的理想，哪些是必须正视的现实。只有规划能落到地上，规划工作才具备为公众谋取更大利益和话语权的现实意义。

道德与责任

有人戏言，规划是“向权力讲述真理”。的确，在一个方方面面都对规划给予厚望的时代，规划者似乎背负了太多的抱负和责任。伴随这种抱负和责任而来的还有多元化的利益的诉求，规划人小心翼翼地蹒跚在利益的平衡木上，这种格局时刻考问着我们的品性和道德。什么该做、什么不该做、该如何做？回答好这样的问题实属不易，解决好这样的问题更是难上加难，既需要坚守道德与责任，也需要胸纳智慧与勇气。

规划人要有底线思维。不能触碰的是刚性，要敢于向压力说“不”，在规划的“大是大非”上如不能坚持原则，最后损害的是公共利益、城市整体利益、社会长远利益。

在跋涉的历程中，难免会遇到各种各样的困难与挫折。没有韧性与执着，自然无法邂逅“柳暗花明”后的豁然。政治、经济、社会、生态等外部环境在不断变化，诸多的问题和矛盾需要解决，不能指望毕其功于一役，规划人须具有“上下而求索”的品质和操守，“功成不必在我”的胸襟和气度。

规划人要有理性思维。理性地看待规划，理性地看待自己和自己所处的环境，不唯书、不唯上、只唯实，对民众、对法律、对城市心存敬畏，有所为有所不为。既要不遗余力地维护公共利益，也要尊重个体合理诉求，同时更不能被个别利益群体所“绑架”。

规划人要有责任担当。责任与道德相伴而生，是一种职责、一种使命、一种义务，规划人与不同岗位、不同群体的人一样肩负着对社会的责任，这种对市民与城市的承诺决定了必须砥砺前行、攻坚克难。在通往规划人的“理想之城”这条曲折与荆棘之路上义无反顾、奋力向前。

理论与实践

或许有人质疑，规划不过是“墙上挂挂”的“一纸空谈”，对规划人也存“重思辨而轻实施”的成见。但今天的现代城市规划工作，早已渐远了“镜里看花”式的理论倾向，摆脱了闪烁着“阶段性智慧创作火花”的艺术家情结。因为，许多看似经典甚至完美的学说不一定能得到现实利益群体的共鸣，也不一定能解决城市发展中的“疑难杂症”。“学院派”的范儿，只会曲高和寡，而在具体事务上又步履维艰。

规划是一门实践性的综合科学。从规划实施理论到行动规划理论，从规划政治性理论到沟通规划理论，从全球城市体系理论到可持续发展视角下的精明增长、新城市主义、紧凑城市理论，无一不是在城市发展进程中反思、实践，再反思、再实践的知行统一，这一辩证的认识与实践过程循环往复，生生不息。

“真正影响城市规划的是最深刻的政治和经济的变革”。不同的社会制度和政治背景、经济模式、发展阶段以及文化差异，必然造成规划工作范畴、地位和职责上的差异，规划需要鼓励地域性的理论实践与创新，不能墨守成规，也不能“照猫画虎”。对于规划而言，“管用”是硬道理，理论的普适性只有和城市地域化的个性和实践相互校验才有意义。

这个时代是变迁的时代、转型的时代、碰撞的时代。在这样的时代，需要把握规律的理论指导责任，需要远见的规划实践。必须认知前沿理论，把握发展方向，把问题导向作为一切规划探索和创新的出发点。为此，结合对一个世纪以来规划理论发展脉络梳理和济南规划实践的探索，我们尝试提出了“复合规划”的理念构想。所有这些并不是奢望在理论探索上标新立异，而是希望以此寻求源自实践的规划理论，并更好地应用于规划实践，藉此解决发展的现实矛盾和问题。

历史与未来

有人怀念，说“城市是靠记忆而存在”。是的，“今天的城市是从昨天过来的，明天的城市是我们的未来”，城市本身就是一个生命体，它不断新陈代谢，不断吐故纳新，不断结构调整，不断空间优化，自身得以保持旺盛持久的生命力。从原始聚落到村镇、从初始城市到多功能复合城市、从独立的城市到复杂的城市群，螺旋上升的过程中城市发展的规律与脉络清晰可循。规划是历史和未来的接力，既不能违背客观规律，也不能超越特定阶段，否则必将劳民伤财，自酿苦果，给城市发展造成不可逆转的损失。

翻阅中国当代城市史，我们也曾机械地沿用苏联模式，但面对市场经济的冲击，却发现“同心圆”、“摊大饼”式的空间扩张模式是如此一厢情愿和不堪重负。当尼格尔·泰勒、简·雅各布斯的著作为我们开启了一扇了解西方规划理论的窗口，中国规划师和规划管理者学习借鉴的目标不再拘囿于社会体制的限制，转向西方探求“洋为中用”的扬弃之道。实践之后，我们更加强烈意识到任何规划理论都要立足国情和地域，这也许意味着中国的城市规划已经开始走向理性与成熟。

这些年，规划从见物不见人到以人为本，从机械单一到综合复杂，从一元主导到多元融合，从关注“计划”的落实和空间布局艺术到关注全面协调可持续发展，我们切身体会到了什么是“人的城市”。山水城市、广义建筑学、人居环境科学等理论先后出现，意义重大、影响深远，具备了发展具有中国特色、地域特征、时代特点的本土规划理论的基础和条件。在此借用吴良镛先生的箴言，“通古今之变，识事理之常，谋创新之道”以共勉。未来的规划工作应立足地域市情，结合城市发展的阶段性特征，把握规律、顺势而为，潜心思考新形势下规划的地位、作用和功能，把重心放在引领发展、解决问题、化解矛盾、增进和谐上，积极探索具有时代特色、地域特色的规划实践之道。

“衣带渐宽终不悔，为伊消得人憔悴。”规划探索永无止境。愿我们十年来的所为、所思、所悟，能够为大家提供一点借鉴。

作者于济南

2013 年 12 月 1 日

前　言

从埃比尼泽·霍华德的“田园城市”到刘易斯·芒福德的《城市发展史》,从《管子》中“凡立国者，非于大山之下，必于广川之上”的论述到吴良镛先生倡导的人居环境科学，历代规划大师以其智慧书写出精彩纷呈的规划思想史。其中的经典论述，经过时间的冲刷和积淀更加回味无穷、发人深思。然而，面对浩如烟海的书籍资料，如何撷取精华学以致用，对规划业内人士而言，却始终是一项繁杂辛苦的工作。

本书编著者以“研究思想和观点，而不是收集和传播规划事实”为出发点，在多年学习、积累和思考的过程中，搜集了约150位中外规划名家的经典论述，涉及古今著作100部之多。经分类整理，形成了“城市规划”、“城乡统筹”、“区域规划”、“城市定位”、“城市功能”、“城市文化”、“城市历史”、“生态城市”、“城市形象”、“规划管理”、“公众参与”、“城市建筑”、“城市设计”、“规划师”等章节，意在为规划理论学习和研究者提供一些线索和便利。

本书于2009年首次出版，因其思想性、系统性和实用性，在规划管理、规划设计及教育界引起积极反响。此次适逢“地域规划理论与实践”系列丛书问世而再版，除对原有内容修订外，增加“规划感言”一章，搜录了36条济南市规划工作者源于实践的所思所悟。

本书编著者在第一次出版时曾写到“穿越时空的隧道，追寻规划的足迹。感悟名家的思想，沐浴理想的光芒。启迪探索的智慧，引领发展的航向”。相信真理和智慧的光辉，将会照耀每一座城市的发展史。

穿越时空的隧道

追寻规划的足迹

感悟名家的思想

沐浴理想的光芒

启迪探索的智慧

引领发展的航向

——编著者

目　录

城市规划

◈ 城市规划作为一项与思想和有计划相关的活动，是一件被遗忘了的艺术。这里并不仅仅需要重新恢复其生命，而是要将此提升到至今为止所梦寐以求的、更崇高的理想境界。

——摘自现代城市规划理论的奠基人埃比尼泽·霍华德的《明日的田园城市》

◈ 按照健康和伦理道德的要求，对现有房屋进行改建，建设新的坚固和美观的住宅。这些住宅在一定的环境中成组地组合，与周围的环境完全协调。城墙把整个城市围起来，郊外不再有有害健康的贫困地带，城内有美观的、充满活力的街道，城外则是敞开的田野。城墙外面有观赏花园和水果园组成的绿带，这样城市中任何地点的居民都可以用几分钟的时间，就能来到这里呼吸清鲜的空气，身处于绿色环境之中，享受广阔的地平线。这就是我们的最终目标。

——摘自埃比尼泽·霍华德的《芝麻与百合》

◈ 真正影响城市规划的是最深刻的政治和经济的变革。

◈ 城市建设的主要问题是如何把城市物质上的质量转变成精神上的能量。

◈ 城市不只是建筑物的群体，它更是各种密切相关的经济相互影响的各种功能的集合体。

◈ 城市最好的经济模式是关心人和陶冶人。

◈ 在促进城市发展的因素中，社会因素是主要的。

◈ 如果城市所实现的生活不是它自身的一种褒奖，那么为城市的发展形成而付出的全部牺牲就将毫无代价。无论扩大的权力还是有限的物质财富，都不能抵偿哪怕是一天丧失了的美、欢乐和亲情的享受。

◈ 我们现在已经开始将历史自省与科学知识融于社会，来改造一个新的城市形式。

——摘自美国著名城市理论家刘易斯·芒福德的《城市发展史》

✥ 城市应该在精神和物质两个层面上，保证个体的自由并有益于集体活动。

✥ 有一天，当如此病态的现代社会已经清楚认识到，只有建筑学和城市规划可以为它的病症开出准确的药方的时候，也就是伟大的机器开始启动的时候。

——法国著名建筑大师勒·柯布西耶

◈ 按城市的本来面貌去认识城市，按城市的应有面貌去创造城市。

◈ 调查先于规划，诊断先于治疗。

◈ 调查—分析—规划

——摘自英国城市研究和区域规划理论先驱格迪斯的《进化中的城市：城市规划运动和文明之研究导论》

✥ 城市设计是三维空间，而城市规划是二维空间，两者都是为居民创造一个良好的有秩序的生活环境。

❖ 城市问题基本上是以人为本的，真正的有机分散开始于对城市中人们活动的分布与相互关联进行安排。

❖ 许多人士把城镇规划当作纯技术的问题，在进行规划时只管就事论事，而忽视了重大的精神要求。由于城镇规划往往被降低到处理肤浅的实际事物的地位，所以它逐渐给人以一种平庸单调的印象。

——摘自美国著名建筑大师和城市学家伊利尔·沙里宁的《城市：它的发展、衰败和未来》

◈ 城市作为实实在在的地点，必须寻求人与人之间的亲密和谐，这才是城市最本质的特征。

◈ 那种简单化、一刀切、不通人情的所谓的城市规划和城市设计就是一种典型的城市"建设停滞"现象。

◈ 城市问题就像生命科学一样，是一种有序复杂的问题。

◈ 那些传统的现代城市规划理论家们一直都错误地把城市看成是简单性问题和无序复杂性问题，而且也一直试图从这个方面来分析和对待城市问题。

◈ 在建筑和城市设计领域，城市就是一个广阔的实验室，经历着不断反复、成功与失败的试验。

◈ 当我们论述一个城市时，我们也在最综合和最认真地论述生活。

——摘自美国著名城市评论家简·雅各布斯的《美国大城市的死与生》

❖ 聚落形态的产生总是人的企图和人的价值取向的结果，但它的复杂性和惰性常常隐藏在这些关系的下面……以下这些是城市建造者永久的动机：稳定和秩序、控制人民和展示权力、融和与隔离、高效率的经济功能、控制资源的能力等。

——摘自美国著名城市景观设计大师凯文·林奇的《城市意象》

◈ 城市在空间上的结构，是人类社会经济活动在空间上的投影。

——德国著名地理学家克里斯塔勒

◆ 一个城市必须在保证自由、安全的条件下，为每个人提供最好的发展机会，这是人类城市的一个目标。

◆ 在做规划时应当认识到我们面对的是动态城市的问题，应当“为生长做规划”，应当积极地考虑如何使城市更好地发展，而不是考虑如何去限制它、束缚它。

——希腊著名城市规划和建筑大师道萨迪亚斯

◈ 规划具有不同的目的，但多是寄望于推进社会进步。

——摘自法国著名规划专家让保罗·拉卡兹的《城市规划方法》

◆ 城市规划就是政治。

——美国洛杉矶学派规划大师米歇尔·迪尔

◈ 规划是一项高度政治化的活动。

——美国著名城市事务与规划学家约翰·M·利维

◆ 规划就是政策，在一个民主国家，无论如何，政策就构成了政治。

◆ 问题不是规划是否会反映政治，而是它将反映谁的政治。规划人员试图实施的是何种价值观、以及何人的价值观?

◆ 事实上规划就是政治过程。在广义上，它们代表政治哲学，代表将优良生活的不同概念付诸实施的办法。

——美国著名规划理论学者诺顿·朗

◈ 规划是运用社会智慧来决定城市政策的行为，它立足于对资源的考虑，仔细综合，彻底分析，同时兼顾其他必须包含在内的各种要素，来避免政策的失败会失去统一的方向。

——美国政治学家麦瑞安姆

◆ 为人民规划。

——摘自美国著名规划理论家约翰·福里斯特的《面临强权的规划》

◇ 规划的目的在于影响和利用变化，而不是描绘未来的、静态的图景。

——英国著名规划专家麦克洛克林

◆ 人们规划的不是场所，不是空间，也不是内容，人们规划的是一种体验。

——摘自美国著名景观设计大师约翰·西蒙兹的《景观设计学：场地规划与设计手册》

◇ 城市社会学的根本错误是指望通过城市来认识城市。相反，城市应被当作一个大舞台，认识这个舞台有助于我们认识创造这个舞台的整个社会。

——摘自英国著名城市学家和规划大师彼得·霍尔的《英格兰城市控制》

◆ 中国的城市注重细节，欧洲的城市强调整体；如果要建设一个充满魅力和人性化的城市，就需要中、欧城市互相学习。

◆ 城市必须帮助最贫困的公民融入主流经济和主流社会。

◆ 现代城市规划和区域规划的出现，是为了解决18世纪末产业革命所引起的特定的社会和经济问题。

——彼得·霍尔

◇ 城乡规划寻求提供对自然演进趋势的引导，作为对区域及其外部环境的详尽研究的结果。这种成果将不仅仅是熟练的工程学，或者令人满意的卫生，或者成功的经济发展，它应该是一种社会有机体和艺术作品。

——英国著名城市规划专家阿伯克隆比

- 在一个儿童的成长过程中，优秀的城市环境将会告诉他应该做的事和如何去做。
- 城市建设就是要有历史的责任感。

——摘自美国著名建筑大师路易斯·康的《空间构成》

- 成功的规划需要在编制规划和政策的同时考虑可能发生的实施问题。
- 有效的规划实施应在编制规划的早期阶段就开始……编制规划并不是规划过程中的一个独立阶段。

——摘自英国著名政治经济学家约翰·弗里德曼的《公共领域的规划》

- 城镇规划不是一个完全独立的专业活动。它需要汇集建筑师的艺术、工程师的技能以及测量师的知识，再加上公共行政知识，判断经济发展趋势、人口分布以及其他社会特性等。
- 传统的规划理论，由于无法认识到规划行为会对不同社会群体产生的不同分配效应而受到批评，这些群体通常持有不同的、有时甚至是冲突的价值取向和利益选择。
- 编制更富弹性的规划以适应物质开发影响因素的变化。
- 城镇规划不能仅仅限定在物质形态和物质设计的范围内，而应更广泛地关注“经济和社会”政策。
- 规划可以采用图纸的形式（或“计划”的形式），但同样它们也可以用一系列政策陈述的形式，而不是以空间决策的其他形式来表达。无论采用哪一种形式，规划应当更富弹性，可以适时检讨和修订。
- 传统的城镇规划思想没有抓住城市的复杂性和丰富性，以及在城市人类社会生活及其表现形式中真正存在的问题。
- 如果以为规划思想的发展是按这种逻辑发生，或简单地说它们是规划思想自我完善的结果，那就太天真了。事实上，是在更大的范围的多种社会思潮的推动，促成了这个新理论的成长。

✽ 一旦城市被看成不同区域位置的功能活动相互联系和作用的系统，那么，一个局部所发生的变化将会引起其他局部的相应变化。所以，凡是提出任何新的开发项目，都必须从项目可能产生的效果方面进行评价，对那些完全位于所提出的新开发项目实际场地以外的功能活动的影响效果，也要进行评价。

✽ 城镇规划已经成了一门“社会科学”，而不是一门艺术。

✽ 我们需要一种新型的规划师，他们接受的训练是从经济和社会方面来分析认识城市及其区域在空间上是怎样运行的——就是说，规划人员应接受经济地理学或社会科学方面的训练，而不仅仅是建筑学或测量学方面的训练。

✽ 坦然面对城市变化，将城镇规划看作一个在不断变化的情形下持续地监视、分析、干预的过程，而不是为一个城市或城镇理想的未来形态制定“一劳永逸”的蓝图。

✽ 把城市（或其他分散的区域）看作一个相互关联的功能活动系统，这意味着，应该从经济方面和社会方面来考察城市，而不仅仅是从物质空间和美学方面研究城市。

✽ 规划过程并不会在作出决策后就结束，因为被选取的政策或规划需要得到实施。

✽ 理性规划包含一个正在进行的、连续不断的过程，对这一点的认可代表了与基于设计的传统城市规划理论的重大决裂。

✽ 理性规划活动应当满足三个基本条件：第一，规划决策的依据应得到认真而全面的考虑——应通过反复思考达成决定，而不是凭猜测，或靠“预感”和直觉。第二，反过来，这意味着规划决策的依据应当是能清楚表达的。第三，如果规划的全过程是理性的，那么规划过程的每一个阶段都应当是认真地、全面地、清楚地思考过。

✽ 一个规划试图解决的问题或试图实现的目标，应当得到认真的思考和清楚的陈述，可选择的策略以及所有其他阶段都应该达到同样的标准。

✽ 城镇规划是社会行动的一种形式，理性规划模型不只是代表了对规划理性状态的描述，它也代表了我们应如何从事规划工作的理想模型。

✽ 如果人们对作为“系统”的环境有了恰当的科学认识，并且使用了理性决策和行动的方法，一般来说，城市和环境就能通过规划得到改善，甚至“最大化”人类的福祉。

❖ 对城镇规划的判断更多的是政治性的，而不是技术性的或科学性的。

❖ 把城镇规划描述为一门“科学”是一个误导；相反，它应该作为一种旨在实现某种价值目标的政治活动形式。

❖ 城市规划天生就是一个规范性、政治性活动。

❖ 规划包含了政治判断和政治决策——建立一个城乡规划体系本身就涉及到政府干预和立法。

❖ 确定规划应追求的目标，同时获得可能的选择方案，是规划过程的重中之重；并且，这是一个优胜劣汰的问题，因此也是政治讨论与决策的课题。

❖ 规划依托于对未来理想的价值判断，并且这些价值判断都是政治所关注的事务，因为它们以不同的方法反映或影响了社会不同群体的利益。

❖ 在对规划进行分析时，你必须将规划活动“放置”在其“政治经济”的背景内，因为那个背景极大地形成并约束规划活动的本质和有效性。

❖ 不能脱离规划体系的政治经济背景来分析规划的作用与效果，尤其是土地发展的市场体系在决定规划实践的结果上发挥的关键作用。

——摘自英国著名城市规划思想家尼格尔·泰勒的《1945年后西方城市规划理论的流变》

◈ 在大多数情形下，规划工作表现出阶段性、渐进性、机会性和实用性的特征。

——摘自美国政治经济学家查尔斯·林德布洛姆的《“得过且过”的科学》

❖ 城市不是，也不能是，并且必须不是树形结构，城市是生活的容器……倘若我们建造具有树形结构的城市，那么这种城市将把我们在其间的生活搅得粉碎。

——摘自美国著名规划专家C·亚历山大的《城市并非树形》

◈ 城市具有无法抗拒的魅力，对城市的研究既是一种责任也包含着崇敬。

——摘自美国建筑历史学家斯皮罗·科斯托夫的《城市的形成》

✽ 理论上的规划专业知识，如果缺乏社会的决议，其作用是甚为微小的。如果没有通过适当立法形式的政治上的引导，则城市规划只能停留在图纸上。

✽ 每一个规划在实施的过程中很容易遭遇不可预见的事件。作为公共政策的一个实施手段，规划必须拥有承受这些变化的能力，而只是相应作出一个微调。但如果规划调整的无法辨认或最终甚至是背离了规划的初衷，除了规划定的目标无法实现之外，它还破坏了将规划视为公共政策一个可靠实施手段的看法。

✽ 我们可以以象棋的思路来研究规划，将其分成一系列的步骤，每一步的行为都受限和取决于其所处的阶段，但每一步都力争为下一阶段的战略胜利预留最大的可能。

——摘自美国著名规划专家莫里斯·布朗的《城市形态》

◈ 城市事实上像一个古人和今人共同生活过的大营地，其中许多元素遗留下来如同信号、象征与痕迹，每当假期结束，剩下来空荡的建筑令人生骇，而尘土再度耗蚀了大街。这里留存下来的，仅是用一种特定的执着再继续开始，重新构筑元素和道具，以期待下一个假期的来临。

——摘自意大利著名建筑师阿尔多·罗西的《一个科学的自述》

✽ 规划是运用社会智慧来决定城市政策的行为，它立足于对资源的考虑，仔细综合，彻底分析，同时兼顾其他必须包含在内的各种要素，来避免决策的失败或失去统一的方向。同时向前展望，向后回顾，尽可能充分利用我们的资源。

——美国著名政治思想史家梅里亚姆

◈ 规划是在做某事之前的决策，也就是说规划是行为过程的程序。

——美国著名规划专家纽曼

◆ 法定性条文和注释技术的采用导致了规划不断迈向具体和准确的趋势。规划由此需要明确和稳定的成果。

◆ 规划不能是静态的文件，因为它解决的不是静态的问题。

——摘自英国规划咨询委员会制定的关于英国战后开发规划体系的检讨报告《发展规划的未来》(《PAG 报告》)

◇ 城市，绝不仅仅是许多单个人的集合体，也不是各种社会设施——诸如街道、建筑物、电灯、电车、电话等的聚合物；城市也不只是各种服务部门和管理机构，如法庭、医院、学校、警察和各种民政机构人员等的简单聚集。城市，它是一种心理状态，是各种礼俗和传统组成的整体，是这些礼俗中所包含，并随传统而流传的那些统一思想和感情所构成的整体。换言之，城市绝非简单的物质现象，绝非简单的人工构筑物。城市已同居民们的各种重要活动密切地联系在一起，它是自然的产物，尤其是人类属性的产物。

——摘自美国著名社会学家罗伯特·E·帕克的《城市社会学》

◆ 作为一个成功的城市规划的衡量标准，应当是：如果规划目标及其制定的项目实现了，这就是一个成功的规划。至少在实现特定目标的意义上是这样，按照公共和私人发展的性质，一个规划应当在 20~25 年周期内实施，在这个周期中，规划目标应当得以实现。

——摘自美国著名规划专家 W·G·勒泽勒的《成功的美国城市规划》

◇ 传统上关于规划的观点已经过时，那时把规划看作具有优势的技术过程，而规划中对“公众利益”的专业考量是最佳的选择。

◇ 新技术将对城市和区域规划，以及城市的发展产生全面的影响。

——摘自 ISoCaRP 的《千年报告》

◆ 对一个城市来说，最重要的不是建筑，而是规划。

◆ 人类只是地球上的匆匆过客，唯有城市将永久存在。

——美国著名建筑大师贝聿铭

◇ 一个城市，并不等于就是一堆建筑物，相反的，是由那些被建筑所围圈、所划分的空间构成。

——摘自贝聿铭的《I·M·PEI-Design of Dreams》

◆ 中国存在着城市双元体系，即一个源于本国封建后期的传统城市体系和一个源于资本主义发达国家影响的城市体系。从这两个体系的相互变化中，可以找到中国城市化缓慢的内在原因。

——美国城市历史地理学家章生道

◇ 人们来到城市是为了生活，人们居住在城市是为了生活得更好。

——古希腊著名哲学家亚里士多德

◆ 城市规划的最高目标是使市民安居乐业，这是非常重要的。现代化不是建高楼，而是使市民安居乐业，使工作有效率，使生活得到舒适。

——摘自中国科学院学部委员（院士）、中国近现代著名建筑历史学家和规划大师梁思成的《梁思成文集》

◇ 中国的城市布局和规划要有自己的特点，要符合国家和人民的要求。

——摘自中国科学院院士、中国工程院院士、著名规划大师和建筑学家吴良镛在“吴良镛教育基金”成立仪式上的讲话

◆ 我们的目标是“全面建设小康社会”；我们的指导思想是“以人为本，树立全面、协调、可持续的发展观”；我们的建设任务就是建立宜人的人居环境。

——摘自吴良镛的《系统的分析 统筹的战略——人居环境科学

与新发展观》

◈ 加强对城市发展规律和城市政策的研究，要从政治、经济、社会、历史、地理、技术各个方面探讨城市特有的发展规律，从而制定有关政策。

◈ 城市规划综合地运用多种界外思想及相关学科成果进行物质环境的规划建设，以致改善人们的生产生活环境，满足人类物质的和精神的需要。

◈ 人类面临着发展观的改变，即从以经济增长为核心向社会全面发展转变，走向以人为本。

——摘自吴良镛的《人居环境科学导论》

❖ 现在各方面形势大好，规划的形势也大好。但是，在大好形势下如何使规划真正解决当前面临的问题，并不是一件简单的事。

❖ 当前现实中的土地、资源、环境、人口等问题，对原有的城市规划提出了挑战。如果我们不去直面这些现实问题，规划工作就打不开局面；如果我们不能通过解决迫切的、具有挑战性的问题来发展规划这门科学的话，城市规划就会被边缘化。

❖ 城市规划为未来而忧愁，看到问题，直面问题，就能解决问题。

——摘自吴良镛在2006年1月11日中国城市规划学会新年团拜会上的发言

◈ 城市规划、建设与管理涉及面很广，需要多种学科共同研究，融合起来，整体处理问题，切忌好大喜功，急功近利，片面追求政绩，不尊重科学。

——摘自吴良镛在第三次江苏科技论坛上发表的“城市化与城市现代化”主题演讲

❖ 我国绝大多数城市已经进入“黄金时代”，这意味着我国城市在这一快速发展的过程中有更多的发展机遇，若能以更长远的目光考虑城市发展则可从容地把握机遇，毕竟机遇往往稍纵即逝。

❖ 过去就城市论城市不能适应发展要求。

❖ 规划的要义不仅在规划建造的部分，更要千方百计保护好留空的非建设用地。

——吴良镛

◈ 城市规划的复杂性在于它面向多种多样的社会生活，诸多不确定性因素需要经过一定时间的实践才会暴露出来；各不相同的社会利益团体，常常使得看似简单的问题解决起来异常复杂。

◈ 城市规划工作面临的是一个庞大的、多学科的复杂的体系，已不是一、二专业的发展以及简单的学科交叉所能济事，也不要企图一个规划、一篇文章、一些小成就或某一种新的理论就能解决问题。从整体来说，这是一个大时代、大跨度、多领域、复杂性的前沿学科，很难建立如黑格尔体系的“大一统”的“终极真理”，而是要建立在片断的不断发展的之和上，与时俱进，不断深化，永无止境。

——摘自吴良镛为中国城市规划学会成立50周年庆典大会所作的学术报告

❖ 认知城市是第一步，这是我们美学分析极为重要的一步。城市模式的提出是认知的结晶，不只是个别人认知的结晶，而是综合归纳提高，从历史任务到今天多方面认知的结晶。

❖ 在城市化加速发展下，特别要注意回到基本的需要上来，即归根到底要建设“适宜居住的城市”。

——摘自吴良镛的《吴良镛学术文化随笔》

◈ 城市发展不是一场你赢我输的赛事，相反，彼此合作，可以共同制胜。

——摘自吴良镛1999年11月在上海举行的首届“长江三角洲区域发展国际研讨会”上的演讲

◈ 科学的、正确的、全面的认识城市规划，运用它为民造福！

——摘自中国科学院院士、著名规划大师和建筑学家齐康为《城市规划学刊》创刊50周年题写的贺词

◈ 今天的城市是从昨天过来的，明天的城市是我们的未来。

◈ 我们当今的城市是从封建、半殖民地、半封建社会过来的，从计划经济转化为市场经济，时代的变迁，一种新陈代谢，旧的将被改造更新，新的将得到发展，也将符合由小到大，由内向外，由外向内沿线发展，碰撞性和相吸相引，怎样发展和保护，将成为城市建设规划中永恒的课题。

——齐康(摘自《中国科学院院士齐康与市长们谈——地区建筑文化》)

◈ 城市规划要注重宏观性、前瞻性、科学性和实效性，不仅是城市空间形态的规划，更要重视形态层面以外的软性规划，例如社会的、经济的和文化的层面等。

——摘自中科院院士、著名规划大师和建筑学家郑时龄的《理性地规划和建设理想城市》

◈ 我们必须避免非理性的规划，避免反规划的思想，树立宏观的理想，避免用吃泥萝卜的方式去建设，也就是吃一段洗一段的方式，缺乏总体构思。

——摘自郑时龄的《当代中国的城市化与全球化》

◈ 城市未来的发展是高密度，高效率，但是各种设施一定要高级现代化，一定要节约土地，不能像美国蔓延式地发展城市。

——摘自中科院院士、著名经济地理学家陆大道做客中广网谈落实科学发展观时的讲话

◈ 城市规划代表公共利益，体现政府行为，绝不能被开发商牵着鼻子走。

——摘自中国工程院院士、著名城市规划专家邹德慈2005年在济

南市规划局举办的“规划名家讲坛”上的演讲

❃ 我认为现代城市规划有三个很重要的内容，我管它叫三个重要支柱，第一，城市研究，要研究城市；第二，城市设计；第三，城市管理。

❃ 你要规划好一个现代城市，首先你要认识这个城市。

——摘自邹德慈 2009 年 1 月 21 日在接受腾讯网访谈时的发言

◈ 一切城市计划所采取的方法与途径，基本上都必须要受那时代的政治社会和经济的影响，而不是受了那些最后所要采用的现代建筑原理的影响。

◈ 有机的城市各构成部分的大小范围，应该依照人的尺度和需要来估量。

◈ 我们急切需要建立一个土地改革制度，它的基本目的不但要满足个人的需要，而且要满足广大人民的需要。如两者有冲突的时候，广大人民的利益应先于私人的利益。

◈ 城市在精神和物质两方面都应该保证个人的自由和集体的利益。

◈ 最急切的需要，是每个城市都应该有一个城市计划方案与区域计划、国家计划整个地配合起来，这种全国性、区域性和城市性的计划之实施，必须制定必要的法律以保证其实现。

——摘自《雅典宪章》

❃ 城市规划既然要为分析需要、问题和机会提供必需的系统方法，一切与人类居住点有关的政府部门的基本责任就是要在现有资源限制之内对城市的增长与开发制定指导方针。

❃ 规划的专业和技术必须应用于各级人类居住点上：邻里、乡镇、城市、都市地区、区域、州和国家，以便指导建设的定点、进程和性质。

❃ 区域规划和城市规划是个动态过程，它不仅包括规划的制定，也包括规划的实施；这一过程应能适应城市这个有机体的物质和文化的不断变化。

❃ 规划过程，包括经济计划、城市规划、城市设计和建筑设计，必须对人类的各种需求作出分析和反应。

✽ 城市规划和住房设计的重要目标是要争取获得生活的基本质量以及同自然环境的协调。

✽ 为了要与自然环境、现有资源和形式特征相适应，每一特定城市与区域应当制定合适的标准和开发方针。这样做可以防止照搬照抄来自不同条件和不同文化的解决方案。

——摘自《马丘比丘宪章》

◈ 城市规划是一项政府职能，也是一种职业实践，又是一项社会活动。

——摘自《大不列颠百科全书》

✽ 拥有合适的住房及服务设施是一项基本人权，通过指导性的自助方案和社区行动为社会最下层的人提供直接帮助，使人人有屋可居，是政府的一项义务。

——摘自联合国“人居二”会议《伊斯坦布尔宣言》

◈ 中国城市和城市规划的发展正处在新的历史转折点，我们必须认真面对现实，思考未来，努力开拓前进，走好具有中国特色的城镇化之路。

◈ 城市的建设与发展要保证人类生存质量及自然与人文环境的全面优化。

◈ 未来由现在开始缔造，现在从历史中走来，我们总结昨天的经验与教训，剖析今天的问题与机遇，以期21世纪里能够更为自觉地把我们的星球——人类的家园——营建得更加美好、宜人。

——摘自《北京宪章》

✽ 以科学规划　促和谐发展。

✽ 城乡发展已有完善的国家政策。按照既定方针政策，制定适当发展目标是城市规划的灵魂。

✽ 要实事求是地制定城镇化战略，避免城镇盲目膨胀；要集中紧凑地合理利用土地，安排好基础设施建设；积极治理环境污染，改善生态环境；推进城市节水和节能；优先发展公共设施；倡导建设优美和谐，反映民族与地方特色的城市景观；创造适宜居住和创业的城市环境。

❁ 我们的目标是：建设健康安全、人人享有的城市。

❁ 有效的规划体系能够引导和调控城市发展的时空秩序，维护公共利益，促进社会公平，传承历史文脉，规范市场行为，实现高效和可持续发展。

❁ 规划工作要突出整合和综合，摆脱单纯物质环境规划的局限，开展空间、经济、社会、环境等多维度的综合研究，发挥城市规划综合协调功能。

❁ 发现和解决城市发展中的问题是我们的使命。一切规划构思、目标、方案、对策以及措施，必须建立在扎实、科学的调查研究基础上，要重视现场踏勘和社会学调研方法。促进多学科的交叉融贯，特别是人文社会经济学科方面的交叉渗透。

❁ 城市规划要指导建设全过程，规划设计工作必须深化、细化，从制定战略，到详细设计，方案要深细，措施要具体。

——摘自中国城市规划学会成立50周年庆典大会发布的《中国城市规划广州宣言》

◈ 匠人营国，方九里，旁三门，国中九经、九纬，经涂九轨，左祖右社，前朝后市。

——摘自《周礼·考工记》

❁ 凡立国都，非于大山之下，必于广川之上；高毋近旱，而水用足；下毋近水，而沟防省。

❁ 因天材，就地利，故城郭不必中规矩，道路不必中准绳。

—— 摘自《管子·乘马篇》

◈ 不谋万世者，不足谋一时；不谋全局者，不足谋一域。

——摘自清朝陈澹然的《寤言二迁都建藩议》

城乡统筹

◈ 用城乡一体化的新社会结构形态来取代城乡对立的旧社会形态。

◈ 城市和乡村都各有其优点和相应缺点，而城市乡村一体化则避免了二者缺点。城市和乡村必须成婚，这种愉快的结合将迸发出新的希望、新的生活、新的文明。

——摘自埃比尼泽·霍华德的《明日的田园城市》

◈ 城与乡，不能截然分开；城与乡，同等重要；城与乡，应当有机结合在一起，如果问城市与乡村哪一个更重要的话，应当说自然环境比人工环境更重要。

——摘自刘易斯·芒福德的《城市发展史》

◈ 把田园的宽裕带给城市，把城市的活力带给田园。

——摘自刘易斯·芒福德的《乌托邦系谱》

❖ 为使城市与农村地区发展均保持可持续性，必须更好地整合两者之间的关系，并使之实行更有效的管理。

——摘自联合国副秘书长兼联合国人居署执行主任安娜 2004 年 5 月 25 日发布的致社会各界的信

◈ 提请所有各级发展决策者，不要将“城市”和“农村”作为单独的实体，而是作为经济、社会整体的组成部分。

——摘自原联合国秘书长安南在 2004 年世界人居日的致辞

❖ 通过消除旧的分工，进行生产教育，变换工种，共同享受大家创造出来的福利，以及城乡的融合，使社会全体成员的才能得到全面的发展。

——摘自《马克思恩格斯全集》第 1 卷

◈ 城乡对立消灭以后，不仅大城市不会毁灭，并且还要出现新的大城市，它们是文化最发达的中心，它们不仅是大工业的中心，而且是农产品加工和一切食品工业部门强大发展的中心。这种情况将促进全国文化的繁荣，将使城市和乡村有同等的生活条件。

——摘自《斯大林选集》下卷

❖ 有些地方有所发展，有些地方适当放慢脚步，包括城乡统筹规划时，也要注意：没有乡村，就没有城市，这都是相对的。

❖ 必须充分发挥地区的社会经济资源优势，寻求区域整体的可持续发展。

——吴良镛

◈ 从区域到城乡、城市、社区、建筑应视为互相关联的整体，运用多学科的综合观念，建立各个层次上的系统规划原则，有助于把握重点。

◈ 城市是区域中心，城与乡相辅相成，互为存在的前提，在任何情况下，不能割裂城乡联系。

◈ 事物总是相互联系的，共同组成有机的关系网络。因此，我们在人居环境的规划设计中，为了洞悉这种关系网络并避免破坏其中的关键要素，甚至可能创造出新的关系网络，我们需要把该环境放到更大尺度的环境中加以思考，同时考虑它对较小尺度环境建设的影响，最终创造出与周围条件相协调的人居环境。这对我们今天认识城乡整体协调发展颇有启发。

◈ 我们需要从城乡整体协调发展的角度，审视城市化道路，制定有关政策，进行制度改革，逐步向城乡整体协调发展的制度过渡。

◈ 所谓"统筹"，就是以整体观念将相关部分相互联系，以达到"综合集成"，从"模糊共识"、"科技共识"中最终达到"决策共识"。

——摘自吴良镛的《系统的分析 统筹的战略——人居环境科学与新发展观》

❁ 城市与乡村彼此融会为一体而各为构成所谓区域单位的要素。

——摘自《雅典宪章》

◈ 城市和乡村的发展是相互联系的。除改善城市生活环境外，我们还应努力为农村地区增加适当的基础设施、公共服务设施和就业机会，以增强它们的吸引力；开发统一的住区网点，从而尽量减少农村人口向城市流动。中、小城镇应给予关注。

——摘自联合国"人居二"会议《伊斯坦布尔宣言》

❁ 坚持大中小城市和小城镇协调发展，提高城镇综合承载能力，按照循序渐进、节约土地、集约发展、合理布局的原则，积极稳妥地推进城镇化，逐步改变城乡二元结构。

——摘自《中华人民共和国国民经济和社会发展第十一个五年规划纲要》第二十一章

◈ 把符合落户条件的农业转移人口逐步转为城镇居民作为推进城镇化的重要任务……特大城市要合理控制人口规模，大中城市要加强和改进人口管理，继续发挥吸纳外来人口的重要作用，中小城市和小城镇要根据实际放宽落户条件。鼓励各地探索相关政策和办法，合理确定农业转移人口转为城镇居民的规模。

——摘自《中华人民共和国国民经济和社会发展第十二个五年规划纲要》第二十章

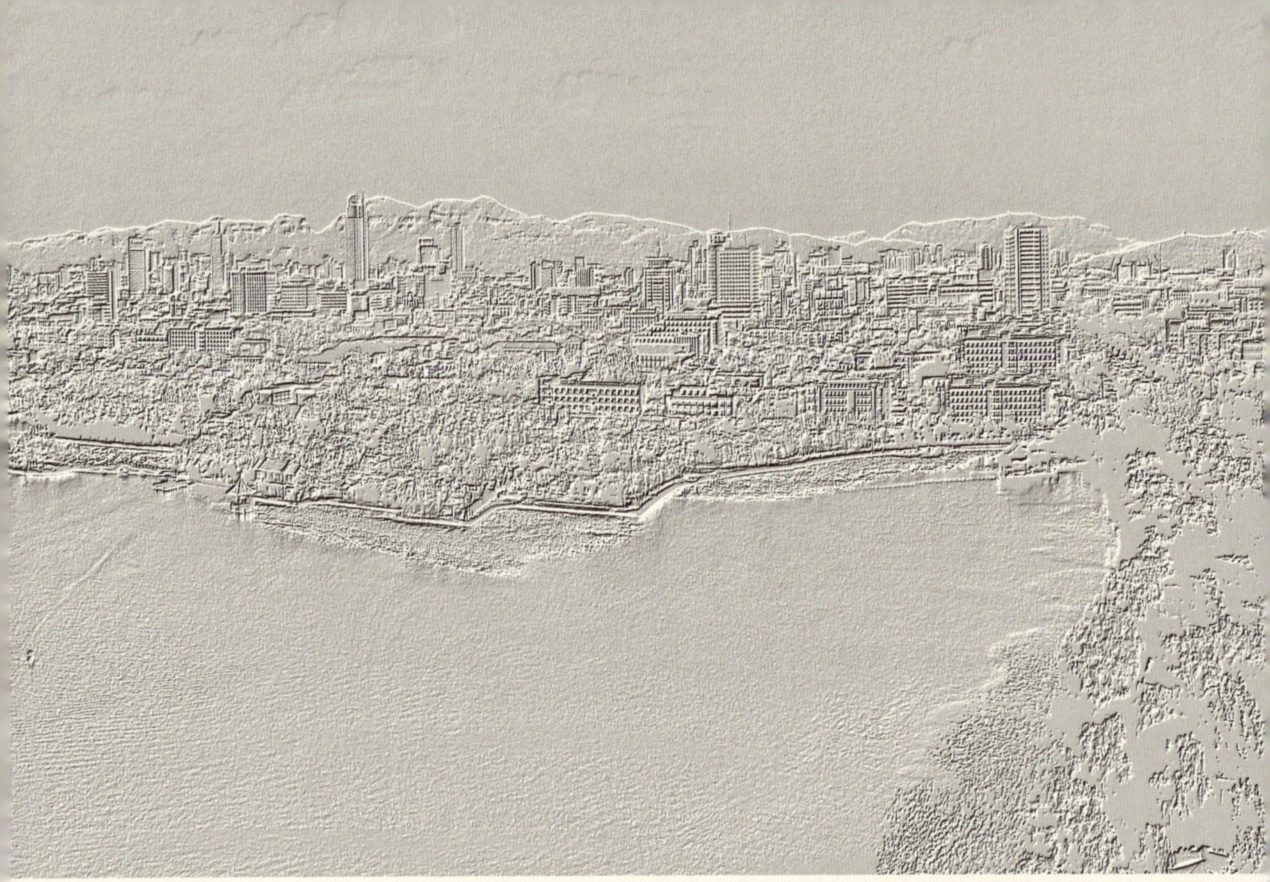

区域规划

◈ 真正的城市规划必须是区域规划。

◈ 城市是区域个性的一种表现……城市的活动有赖于区域的支持；区域的发展取决于城市的推动。

◈ 大都市带正在迅速变成一种普遍的形式，大都市经济是占主导地位的经济，倘若一个企业不与大城市建立密切的联系，它就得不到很好的发展。

◈ 城市的希望在于城市之外。

——摘自刘易斯·芒福德的《城市发展史》

✽ 将城市及其区域作为一个功能整体，一个类似于生命有机体的整体。

——摘自格迪斯的《进化中的城市：城市规划运动和文明之研究导论》

◈ 城市的规模正在变得更大，数量变得更多。地理上的集中可以获得聚集经济和规模经济带来的利益。

——摘自彼得·霍尔的《城市和区域规划》

✽ 区域专门化意味着在一个区域里的每个区仅仅扮演一个角色，中产阶级和朝阳工业在郊区，穷人和夕阳产业在城里，农业和自然风光在农村。

——摘自美国著名规划专家彼得·卡尔索普的《区域城市——终结蔓延的规划》

◈ 我们能否取得成就的关键在于我们是否能从解决问题时只见树木不见森林的做法中脱颖而出，开始将城市全局作为一个有机整体来研究。

——摘自美国著名规划大师埃德蒙·N·培根的《城市设计》

✽ 城市化不再只是表示人们被吸引到一个叫做城市的地方并融入城市生活系统的过程，它还表示与城市发展相关的不同生活模式特征的日趋明显，最终它是指在人们明显认清的城市生活模式的方向上的变化。无论人们在什么地方，他们都受到城市通过交流和交通的方式来运作的机构和个性的影响。

——摘自美国知名规划专家迈克尔·索斯沃斯的《街道与城镇的形成》

◈ 城市之间的竞争不应是一场你输我赢的赛局，相反应是一场相辅相成的合作。如果总体构想适当，彼此协作，完全可能出现“多赢”的结果。而我们的研究，就是将协商解决问题提到学术领域，寻求区域整体协调发展。

——摘自吴良镛的《大北京地区空间发展规划遐想》

✽ 区域的协作涉及到方方面面，问题的解决往往是对习惯观念和一般做法的突破，是一种创造，是一种认识上的变革，是对因循守旧的挑战。因此，要积极地、持续地进行多种形式的协调工作，以期不断有所进展，不能企求一蹴而就。

——摘自吴良镛的《城市地区的空间秩序与协调发展——以上海及其周边地区为例》

◈ 区域的思想是城市进行规划的主导，从区域空间上发展城市，这样可以保证在思想上是超前的，在决策上是科学的，在技术上是合理的，在生态上是安全的。

——摘自吴良镛的《京津冀地区城乡空间发展规划研究》

✽ 整个世界在飞速发展，中国城市化进程也在加快，建设量之大、建设速度之快、建设尺度之大，都史无前例。原有的构成在变化、在解构，原有的秩序被打乱了，这给环境艺术的创造带来种种新问题，我们必须有意识地探求新的模式，进行重构，寻找新的有机秩序，探求整体的协调美，以做到“和而不同”、“违而不乱”，特别是后者。

——摘自吴良镛2001年6月在清华大学“艺术与科学”国际学术讨论会上的讲话

◈ 城市规划要融合经济、社会、地理等，从城市走向城乡区域的整体协调。

◈ 政府学者专家们忽略了城市化的作用：城市化是发展的结果，也常常是发展的负担，但是它还应该成为良性发展的手段。

——摘自吴良镛的《人居环境科学导论》

✽ 只有在科学发展观的指导下，对全国国土进行全新的塑造，对开发和建设布局做出规划和约束，有效协调市场经济在体制转轨时期出现的人地矛盾，统筹安排关系到国家长远发展的重大建设项目，科学地开发利用全国的自然资源和生态资产，避免出现危及中华民族生存和发展的严峻事件发生。

✽ 中国不能效仿美国的城市蔓延式发展模式，而应该谋求较高密度、资源节约和高效率的城市化发展之路，珍惜土地，发挥其最大效益。

◈ 按照区域的功能进行规划和建设，是国家“十一五”规划的新思路，也是集约型城市化建设的必然选择。

——陆大道

◈ 为了从根本上遏制冒进式城镇化空间失控的严峻态势，解决由此带来的资源环境和社会问题，需要以科学发展观为指导，探索一条符合我国国情，高密度、高效率、节约型、现代化的城镇化道路。

◈ 建立和完善符合科学发展观、与公众的长远利益相一致的制度体系和指标体系。

◈ 有利于城市的高密度和高效率的规划建设，就是实行“一方水土”、“一方经济”、“一方人口”能够相互协调……一方水土养一方人还是很科学的，规模上要相适应。

——陆大道（摘自《陆大道院士：遏制“冒进式”城镇化和空间失控的严峻态势》）

◈ 根据我国国土开发和经济发展水平的地域差异，在本世纪内及下世纪初年应当实行重点开发战略，按“点－轴渐进扩散”模式实行由不平衡到相对平衡的区域发展。实施这一战略，要求确定重点开发轴线，沿轴线建设密集产业带和建立横向联系的经济区。

——摘自陆大道的《我国区域开发的宏观战略》

◈ 关于城市化，第一个关键词就是“循序渐进”，还有“节约集约利用土地”，这都是有强烈的针对性的，要按此进行城市建设。

◈ 中华民族的长远发展，只能依靠脚下这片土地。我们必须做好永久使用这片土地的准备。

——陆大道（摘自《陆大道：忧心城市化“大跃进”》）

❖ 城市都构成一个地理的、经济的、社会的、文化的和政治的区域单位的一部分，城市即依赖这些单位而发展。因此我们不能将城市离开它们所在的区域作单独的研究，因为区域构成了城市的天然界限和环境。

❖ 城市应该根据它所在区域的整个经济条件来研究，所以必须以一个经济单位的区域计划，来代替现在单独的孤立的城市计划。

❖ 作为研究这些区域计划的基础，我们必须依照由城市之经济势力范围所划成的区域范围来决定城市计划的范围。

❖ 每个城市计划，必须以专家所作的准确的研究为根据，它必须预见到城市发展在时间和空间上不同的阶段。在每一个城市计划中必须将各种情况下所存在的每种自然的、社会的、经济的和文化的因素配合起来。

——摘自《雅典宪章》

◈ 规划必须在不断发展的城市化过程中反映出城市与其周围区域之间基本的动态的统一性，并且要明确邻里与邻里之间，地区与地区之间以及其他城市结构单元之间的功能关系。

——摘自《马丘比丘宪章》

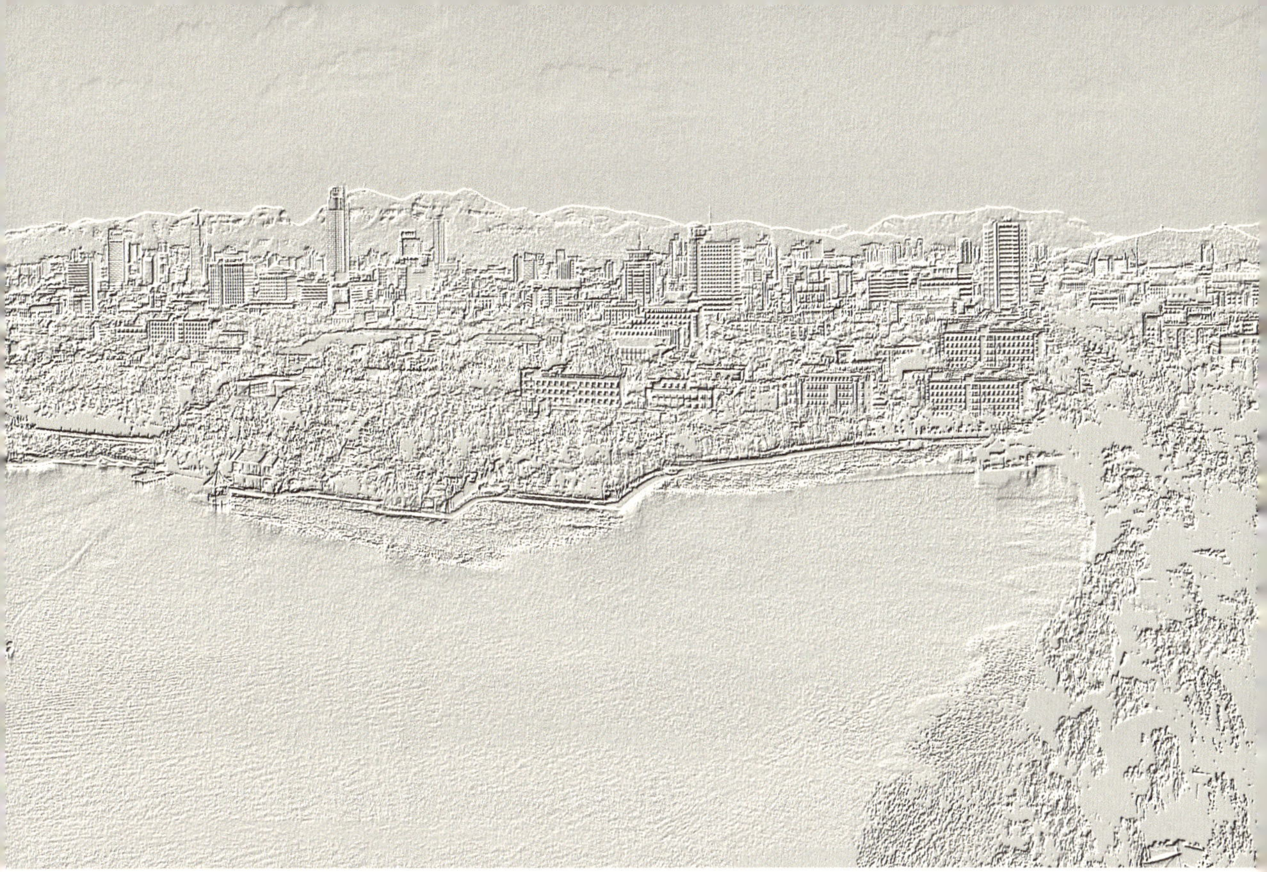

城市定位

◈ 把10个小城镇，每个3万人口，用高速公共交通线联系起来，政治上是联盟，文化上密切相连，就能享受到在30万人口的城市中所能享受到的一切设施和便利，然而却不会像大城市那样缺乏活力。

——摘自埃比尼泽·霍华德的《明日的田园城市》

✽ 从历史上看，城市是社区权力和文化的最集中点，生活散射的各种光芒在这里全面聚焦，并取得更大的社会效益和意义，城市是社会整体关系的形式和标志。

✽ 如果田园城市的一些较高级的设施不依靠已经负担过重的大城市，不把它自己降到卫星城的地位，那么，一旦规模较小的新城镇发展到一定数量，就必须有意识地把它们组合在一个新的政治文化组织之中，这种组织成为社会城市。

❖ 田园城市的重要意义不在于它有花园和绿地：它与别的城市全然不同的创新之处在于它通过一个组合体对错综复杂情况加以合理而有序的处理。

——摘自刘易斯·芒福德的《城市发展史》

◈ 阳光城的概念，即拆除城市中的低旧矮房，建设若干座高楼大厦，以享受充足的阳光。

——勒·柯布西耶

❖ 当我们面对城市时，我们面对的是一种生命，一种最为复杂、最为旺盛的生命。正因为如此，在处理城市问题时，我们会遇到一种基本的审美局限：城市不能成为一件艺术品。

❖ 城市永远不会成为艺术品，因为艺术是生活的抽象，而城市是生动、复杂而积极的生活自身。

❖ 城市是由建筑和人组成的，但说到底，城市是给人类居住的，城市是人类活动的场所，城市的主角应该是人，而不是其他的东西。

❖ 一个城市有了活力，也就有了战胜困难的武器，而一个拥有活力的城市本身就会拥有理解、交流、发现和创造这种武器的能力。

❖ 如果一个城市井井有条，那么这个城市已经到了生命的最高点，开始慢慢地走向死亡，一个城市并不太有秩序，那才是蓬勃向上的，有活力的。

——摘自简·雅各布斯的《美国大城市的死与生》

◈ 一个公正的城市：公正，食物，遮蔽所，教育，健康和希望；

◈ 一个美丽的城市：艺术，建筑和景观激发想象力，提高精神；

◈ 一个有创造力的城市：开放的思想，人文资源有很多潜力，允许变化和多元化；

◈ 一个生态的城市：生态影响，能源有效；

◈ 一个便于交流和灵活性高的城市：信息能够方便地交流，便于面对面地或电子信息交流；

◈ 一个紧凑和多中心的城市：保护乡村，关注社区，邻里关系。

——摘自英国著名建筑师理查德·罗杰斯的《一个小行星上的城市》

❖ 城镇不仅是空间秩序的核心，也是社会秩序的核心，地理空间的组织是人类在特定的文化、社会、经济、政治和技术背景下进行活动的结果。

——美国著名地理学家R·G·詹森

◈ 城市是由各种不同的人所构成；相似的人无法让城市存在。

——摘自亚里士多德的《政治学》

❖ 城市形态是社会多系统作用于城市所表现出的物质和精神形态。它不只是城市外部的、内部的形式，有形的表现，而且包含了更广的文化内涵。

——摘自齐康的《建筑家的中国心》

◈ 和谐城市是和谐社会的空间载体之一，是和谐社会的空间附着区域之一。

——摘自郑时龄的《和谐社会与城市规划》

❖ 中国的城市正处于多、快、好、省的大跃进建设中，多而快，但是有些时候不见得好而且也不见得省。有些时候往往只注重过程的速度和求新求变，缺乏理想的城市目标，忽视终极目标的实现。

——摘自郑时龄的《全球化影响下的中国建筑》

◈ 国内应制定严格的用地标准，对城市的人均占地、耗能、用水、交通运输结构等，作出科学合理的规定，要因地制宜地提出城市发展目标。

——陆大道（摘自《陆大道：忧心城市化“大跃进”》）

❖ 自有历史以来，城市的特征，均因特殊的需要而定：如军事性的防御，科学的发明，行政制度生产和交通方法的不断发展。

——摘自《雅典宪章》

◈ 应该按照可能的经济条件和文化意义提供与人民要求相适应的城市服务设施和城市形态。

——摘自《马丘比丘宪章》

❖ 我们的城市必须成为人类能够过上有尊严的、身体健康、安全、幸福和充满希望的美满生活的地方。

——摘自《伊斯坦布尔宣言》

◈ 新世纪的城市将走向建筑、地景、城市规划三者的融合。

◈ 对城镇住区来说，宜将规划建设、新建筑的设计、历史环境的保护、一般建筑的维修与改建、古旧建筑合理地重新使用、城市和地区的整治、更新与重建以及地下空间的利用和地下基础设施的持续发展等，纳入一个动态的，生生不息的循环体系之中。这是一个在时空因素作用下，建立对环境质量不断提高的建设体系，也是可持续发展在建筑与城市建设中的体现。

——摘自《北京宪章》

城市功能

◈ 城市的经营主体应将城市土地公有化，并对土地使用权转让进行限制，以利于政策的实施；城市发展中创造出开发收益是社会全体努力的结果，因此，开发收益中的一部分应作为社会发展基金予以保留。

——摘自埃比尼泽·霍华德的《明日的田园城市》

✽ 从完整的意义上说，城市是地理丛，一种经济组织，一种制度过程，一种社会行动的剧院，以及一种集体统一体的美学象征。

✽ 一方面，城市为家庭和经济活动提供公共场所的物质框架，另一方面，城市为有意义的活动和人类文化中升华了的欲求提供了有意识的戏剧性背景。城市培育了艺术，而且它本身就是艺术；城市创造了剧院，而且它本身就是剧院。

✽ 在城市形成中起决定作用的因素并不仅看有限地域内集中了多少人口，更要看有多少人口在统一的控制下组成了一个高度分化的社区，去追求超乎饮食、生存的更高目的。

❁ 城市不可缺少的设施和功能——合作、通信交通、交流、集会、混合、动员——要求在一个城市容器内能同时进行各式各样不同的活动。这样的一个容器，为了有效地节省空间，需要有多样化的不同的交通运输系统。

❁ 城市主要功能就是为人类交往提供舞台，是文化和社会关系的象征。人只有生活在一个和谐、融洽的邻里环境里，才能产生认同和归属感，才会培养社区情感。

❁ 在历史城市中，相似的形态在不同的文化中不一定有相似的意义；同样，相同的功能会产生不同的形态。

❁ 我们必须使城市恢复母亲般的养育生命的功能，独立自主的活动，共生共栖的联合，这些很久以来都被遗忘或被抑止了。

❁ 城市是一种特殊的构造，这种构造致密而紧凑，专门用来流传人类文明的成果。

❁ 现在许多住房和城市规划受到阻碍，这是因为承担这些工作的人对于城市的社会功能毫无概念，而且他们毫不怀疑可能存在有缺陷的、方向错误的措施，错误的努力，在这里不是仅仅通过建造整洁的住房或拓宽狭窄街道就能成功的。

——摘自刘易斯·芒福德的《城市发展史》

◈ 好的城市空间形态的五个基本性能指标：它是有活力的（可持续发展的、安全的、协调的），可感知的（可确认的、有结构的、表里如一的、透明的、易辨认的、清晰的、独特的、重要的），适宜的（形态和行为相匹配、是稳定的、可操纵的、可复原的），可及的（多样的、平等的、场所管理的、控制得良好的），合适的（确定的、负责的、间歇性的放松）。

——摘自凯文·林奇的《城市形态》

❁ 美好城市生活的前置条件是土地的混合利用，而不是截然分离。土地的混合使用会全天候创造丰富的城市活动，增加区域的多样性与活力。

❁ 城市功能混合；街道短，容易拐弯；保存老建筑；人口密度充分。

❖ 城市不同用途之间的互相融合不会陷入混乱。相反，它代表了一种高度发展的复杂的秩序。

❖ 城市里的多样性，不管是什么样的，都与一个事实有关，即城市拥有众多人口，人们的兴趣、品位、需求、感觉和偏好五花八门、千姿百态。

❖ 不同的人群会因为不同的目的在不同的时间段使用同一条街道，因此小的街区和密集的街道数量能够提供更多的机会吸引多样化的人群和人流，从而能够给予社区更加多样性的功能支持。

❖ 城市需要一种互相交错、紧密关联的土地利用多样性，以便从经济和社会的角度可以互相支持。

❖ 只有充满活力、互相关联、错综复杂的用途才能给城市的地区带来适宜的结构和形状。

❖ 一个错综复杂又富有条理的多样化土地使用，使得彼此间无论是在经济上还是在社会中都不断地相互扶持。

❖ 一个城市不像一个钢架结构的建筑——或者一个蜜蜂巢，可以拼装在一起；城市如果有结构的话，那这种结构就是由各种用途的混合组成的。

❖ 活动中心，即那些把很多人从不同地方汇集到一起的地方，无论从经济上还是社会上来说，都是城市非常重要的地方。

❖ 要想在城市的街道和地区生发丰富的多样性，四个条件不可缺少：地区以及其尽可能多的内部区域的主要功能必须要多于一个，最好是多于两个。这些功能必须要确保人流的存在，不管是按照不同的日程出门的人，还是因不同的目的来到此地的人，他们都应该能够使用很多共同的设施。大多数街段必须要短，也就是说，在街道上能够很容易拐弯。

❖ 街道整体视觉方案中最简单的一种是使用树木来达到整体效应。城市就是由互相补充、互相支持的细节组成。

❖ 街道和人行道，是一个城市最重要的器官，特别是人行道，在丰富城市公共生活中起码具备保障市民安全、方便交往和孩子的同化等三项功能。

❖ 只知道规划城市的外表，或想象如何赋予它一个有序的令人赏心悦目的外部形象，而不知道它现在本身具有的功能，这样的做法是无效的。把追求事物的外表作为首要目的和主要的内容，除了制造麻烦，别的什么也做不成。

❁ 从城市的本质来说，大都市应该提供人们只有在旅行中才能得到的东西，那就是新奇。因为新奇会导致提问，并且打破已有的观念，因此它也会将我们的理解力提升到相当的高度……没有什么比那些集权当局千方百计不让它们的人民看到新奇的东西更能说明它的重要……大城市被切割成一小块，一小块，每一块都被监管、纯化和一体化。新奇带来的神秘感和人们带有批判的理性精神一同被从城市中清除了出去。

❁ 城市的多样性和城市的活力与城市街道上车辆的绝对数量的减少有着紧密、有机的关系。

❁ 当我们在着手准备生发城市多样性的条件时，我们其实就已经接近了城市结构的秘密所在。

❁ 在大多数城市的活动中心，最主要的活动是商业活动，所以通常，在这样的地方，一个地标要是想给人留下深刻的印象，就需要完全摆脱商业性。

❁ 关于城市的秩序，我们常常会听到一些非常幼稚的谎言、而且还不乏声势；这些谎言常常向我们保证说，重复就是城市的秩序。世界上最简单的事就是弄几个方案，给它们配上统一的形式，然后再以秩序的名义将其抛售出去。但是，在这个世界上，简单统一的规律和实用功能体系并不是能经常和睦共存的。

❁ 欣欣向荣的城市多样性由多种因素组成，包括混合首要用途、频繁的街道、各个年代的建筑以及密集的使用者等。

❁ 既然城市问题已经超越了规划者们和管理者们控制和理解的范围，那么，一个更为有效的解决方法便是，把与这些问题有关的城市区域和问题本身在城市范围内“放大”，这样就可以从一个更广泛的方面来对付这些问题。

❁ 在实际生活中，只有从城市人行道上的那些普普通通的成人身上，孩子们才能学到成功的城市生活最基本的东西：人们互相间即使没有任何关系也必须有哪怕是一点点的对彼此的公共责任感。

❁ 我们的问题在于，在拥挤的城市街道上，用差不多半打的车辆取代了一匹马，而不是用一个车辆代替半打左右的马匹。在数量过多的情况下，这些以机器作引擎的车辆的效率会极其低下。这种效率低下的一个后果是，这些本应有很大速度优势的车辆因为数量过多的缘故并不比马匹跑得快很多。

❖ 把生机引入一个廉租住宅区以及与其接壤的交界处——正是在这些地方，廉租住宅区会重新加入整个地区——的原则与帮助任何一个缺乏活力，提高其活力的城市区域的原则是一样的。

——摘自简·雅各布斯的《美国大城市的死与生》

◈ 城市环境的复杂性反映着人类行为以及深层次的复杂的需求。

◈ 城市就是一个重叠的、模糊的、多元交叠集合起来的统一体。

——摘自C·亚历山大的《城市并非树形》

❖ 城市与城市各部分之间的关系如同人体与人体各部分之间的关系一样：街道就是血管。

——摘自意大利著名建筑师弗朗西斯科·迪乔治的《论建筑》

◈ 公共空间是城市政治的晴雨表，是城市政治的发源地。

——摘自美国城市历史学家菲利普·埃星顿的《公共城市》

❖ 我们能将生命体看作一个系统，同样，我们也能将正在发挥功能作用的人造实体视为一个系统，譬如城市及其区域。一个城市可以被视为一个系统，是由不同类型的土地使用功能空间所构成，这些空间功能通过交通和其他通讯媒介相互联结起来，形成用地或交通系统。

——摘自尼格尔·泰勒的《1945年后西方城市规划理论的流变》

◈ 街区是综合了人的尺度的场所，那里聚集了许多生活因素：公共的、私人的、工作、家庭；街区把不同的人和活动结合在一起，为人们相互间的联系提供了各式各样的场所；街区也为日常生活和偶然的聚会提供场所；这样，街区真正具有了社区的意义。

◈ 街区创造了大家共享的场所，相对每个街区而言，那些场所总是有着特别的作用，它们的社会地理意义只有在那里居住或工作的人才知道。

——摘自彼得·卡尔索普的《区域城市——终结蔓延的规划》

✽ 城市是由交通和通信媒介连接的不同土地功能组成的系统。

——摘自麦克洛克林的《城市与区域规划：系统方法》

◈ 基础设施和公用事业的疏忽将构成经济进步最严重的拖累。

——摘自德国著名经济学家艾伯特·赫希曼的《经济发展战略》

✽ 人民的城市就是以人为本的城市，就是以人是否舒服来衡量城市建设的所有东西。在城市规划中，街道多宽，周围的建筑有多高，只有遵从一定的比例，才会让人舒服，才是以人为本。当然，这是物理上的，以人为本还有心理上的、经济上的、社会上的多个层面。

——加拿大著名规划专家梁鹤年

◈ 城市应形成一个有机的组织体，形成良好的“形式秩序”。

——摘自梁思成的《梁思成文集》

✽ 城市布局要有整体效果，有些建筑要当主角，有些就要当配角，主角是少数，配角是多数。

——郑时龄

◈ 对城市问题的关注，不能仅仅停留于外在，还要深入其内涵，关注其功能。

——摘自邹德慈 2007 年接受《中国建设报》记者采访时的发言

✽ 居住、工作、游憩与交通四大活动是研究及分析现代城市设计时最基本的分类。

❁ 工业必须依其性能与需要分类，并应分布于全国各特殊地带里，这种特殊地带包含着受它影响的城市与区域。在确定工业地带时，须考虑到各种不同工业彼此间的关系，以及它们与其他功能不同的各地区的关系。

❁ 工作地点与居住地点之间的距离，应该在最少时间内可以到达。工业区与居住区（同样和别的地区）应以绿色地带或缓冲地带来隔离。

❁ 建立居住、工作和游憩各地区间的关系，务使在这些地区间的日常活动可以最经济的时间完成，这是地球绕其轴心运行的不变因素。

❁ 城市应按居住、工作、游憩进行分区及平衡后，再建立三者联系的交通网。

❁ 一切城市计划应该以一幢住宅所代表的细胞作出发点，将这些同类的细胞集合起来以形成一个大小适宜的邻里单位。以这个细胞作出发点，各种住宅、工作地点和游憩地方应该在一个最合适的关系下分布在整个城市里。

——摘自《雅典宪章》

◈ 城市是一个动态系统，必须把城市看作为在连续发展与变化的过程中的一个结构体系，规划、建筑和设计在今天不应当把城市当作一系列的组成部分拼在一起考虑，而必须努力去创造一个综合的、多功能的环境。

◈ 在城市空间结构上，为了追求分区清楚而牺牲了城市的有机构成，会造成错误的后果，这在许多新建城市中可以看到。

——摘自《马丘比丘宪章》

❁ 城市的经济和社会重要性最终依赖于由空间密度提供的使用方便的交通，以及利用这种机会的人们和机构的绝对多样性。

——摘自欧洲共同体委员会《城市环境绿皮书 1990》

◈ 城市可能是主要问题之源，但也可能是解决世界上某些最复杂、最紧迫的问题的关键。

——摘自 1997 年在德国召开的“世界人居日”有关文献

城市文化

◈ 城市是文化的容器，专门用来储存并流传人类文明的成果。

◈ 城市文化归根到底是人类文化的高级体现。

◈ 城市的意义在于贮存文化、流传文化和创造文化。这大概就是城市的三个基本使命了。

◈ 城市的主要功能是化力为形，化能量为文化，化死的东西为活的艺术形象，化生物的繁衍为社会创造力。

——摘自刘易斯·芒福德的《城市文化》

❖ 世界名都大邑之所以能成功地支配了各国的历史，那只是因为这些城市始终能够代表它们的民族和文化，并把绝大部分流传给后代。

❖ 我们当年的方法不是在有意识地创造一个比古代城市更有效的环境，以便更大限度地发挥人类的潜在能力和有意义的复杂性，而是在消除特殊性和减少潜在能力，创造一个无思想的无意识状态，在这种状态中人类所有的活动大多会由机器来完成。即使声名狼藉的核武器和细菌武器，不投入使用，历史上著名的人类，那个生存在文化时代和文化空间，并且能够记忆，能够预见，能够进行选择的人类，仍将会消失。

✽ 从历史上看，城市是社区权力和文化的最集中点。生活散射的各种光芒在这里全面聚集，并取得更大的社会效益和意义。城市是社会整体关系的形式和标志。城市的生命过程在本质上不同于一般高级生物体。城市可以局部成长、部分消亡、自我更新。

✽ 城市通过它集中物质的和文化的力量加速了人类交往的速度，并将它的产品变成可以贮存和复制的形式，城市通过它的许多贮存设施（建筑物、保管库、档案、纪念性建筑、石碑、书籍）能够把它复杂的文化一代一代地往下传，因为它不但集中了传递和扩大这一遗产所需的物质手段，而且也集中了人的智慧和力量，这一点一直是城市给我们的最大贡献。

——摘自刘易斯·芒福德的《城市发展史》

◈ 城市是一本打开的书，从中可以看到它的抱负。

◈ 让我看看你的城市，我就能说出这个城市居民在文化上追求的是什么。

——摘自伊利尔·沙里宁的《城市：它的发展、衰败和未来》

✽ 地方上和文化上的联系显然是重要的，人们往往乐于在同一地理区域内的各城市中心之间迁移，却不愿迁到国内其他的地方去。这些人对熟悉的文化环境，对故乡的社会准则和特点给予高度积极的评价。

——摘自英国著名地理学家巴顿的《城市经济学——理论和政策》

◈ 随着时间的推移，城市的每一部分，每个角落都在一定程度上带上了当地居民的特点和品格。城市的各个部分都不可避免地浸染上了当地居民的情感。其效果便是，原来只不过是几个图形式的平面划分形式，现在转化成了邻里，即是说，转化成了有自身情感、传统，有自身历史的小区。

——摘自罗伯特·E·帕克的《城市社会学——芝加哥学派城市研究文献》

◆ 活跃的市民权和生动的都市生活是一个优秀的城市和城市文化特色的基本构成要素。

——摘自理查德·罗杰斯的《小行星上的城市》

◈ 文化是城市的灵魂。

——美国著名城市规划专家霍顿

◆ 可识别性来自物质环境，来自历史，来自文脉，来自现实，然而大都会的膨胀使这些因素被稀释而淡化；可识别性需要集中，但“一旦影响的范围扩大了，中心的权威和力量就日渐淡薄”。

—— 摘自荷兰建筑大师雷姆·库哈斯和布鲁斯·毛合著的《S，M，L，XL》

◈ 城市社会交往的频繁，是人类文化延续的条件。

——摘自德国知名规划专家阿尔本的讲稿

◆ 以追求利润为动机建造城市，以满足少数人的利益需求或者顺应那些变化无常、相互交织的“政治决策”，这是完全错误的。城市建设不仅仅是建造孤立的建筑，更是重要的创造文明。

——摘自A. Cunningham1999年2月14日致吴良镛教授的信

◈ 企图把共同的经济目标同它们的文化环境分开，最终会以失败而告终。

——摘自法国经济学家F·佩鲁的《新发展观》

◈ 人的一生有两样东西不会忘记，那就是母亲的面孔和城市的面孔。

——土耳其著名诗人纳齐姆·希克梅特

◈ 每个人都降生于先于他而存在的文化环境中，当他一来到世界，文化就统治了他，伴随着他的成长，文化赋予他语言、习俗、信仰、工具等等。总之，是文化向他提供作为人类一员的行为方式和内容。

——摘自美国著名人类学家怀特的《文化科学——人和文明的研究》

◈ 具有特殊城市文化特色，并在民众心目中产生好感的城市，往往才能成为人们怀念和向往的地方。

——摘自吴良镛的《吴良镛学术文化随笔》

◈ 现代中国的城市黄金时代已经到来，21 世纪的竞争将取决于文化力的竞争。

——摘自吴良镛的《中国建筑文化的研究与创造》

◈ 我愈来愈觉得必须在中与西、新与旧的冲突中，吸取世界文化智慧以及地方传统文化精华，创造良好的人居环境。

——摘自吴良镛在荣获克劳斯亲王基金会“城市英雄奖”授奖仪式上的答谢辞

◈ 文化是建筑的灵魂，中国城市建设和建筑的特色危机，实际上是文化灵魂的失落。

◈ 文化是建筑和城市之魂。我们必须强调历史文化在城市建设中的核心地位。

◈ 建筑形式的精神要义在于植根于文化传统。

◈ 中国不能成为西方畸形建筑的试验场，要捍卫自己的文化，发挥中国文化的特色。

——吴良镛（摘自《建筑大师吴良镛访谈录》）

❁ 城市聚落是地理网络的工艺品，人类社会最大的艺术品，是社会行为的剧场，它既是经济活动的物质基础，又是人类文化的戏剧舞台。

❁ 趋同现象与地方特色的追求，现代化的巨浪与继承文化的呼吁和努力同时存在，这是现实世界文化，包括建筑文化，不可忽视的两个方面。

——摘自吴良镛的《广义建筑学》

◈ 每个城市如果真正地深入地研究自己的历史文化，总结其历史经验，捕捉当前发展的有利条件，创造性地制定发展战略，不失时机地调动多方面的条件包括文化优势等，城市发展必将大有可为。

◈ 城市之间严峻的竞争事实启示我们，宜在共同的文化背景上，自觉地构建"战略联盟"协同发展，占据文化上的制高点，共同地将近域竞争引导到更高层面的国内、国际竞争中去。在相当程度上讲，这取决于我们决策的水平与驾驭转变的艺术。

◈ 一般说来，中国人文思想追求"整体"与"和谐"，实际上这种理念深层次的协调思想，在当今百花争艳的情况下，更要提倡和谐与合作。

——摘自吴良镛的《城市地区的空间秩序与协调发展——以上海及其周边地区为例》

❁ 城市的文化价值，不仅体现在有形的文化遗迹上，而且体现在无形的文化内核上。文化存留于城市和建筑中，融合在人们的生活中，对城市的建造、市民的行为起着潜移默化的影响。

——摘自吴良镛的《世纪之交的凝思：建筑学的未来》

◈ 从聚落到城市，都是文化活动的载体，城市文化是渗透、凝聚在不同的时间、空间与人间，城市规划虽是物质环境的规划，但不能见物不见人，见功能不见文化。

——摘自吴良镛为中国城市规划学会成立50周年庆典大会所作的学术报告

◈ 在全球化、信息化时代，城市与地区既要有意识地吸收世界先进的科学技术文化，又要注重基于地域的不同自然地理、历史、经济、社会、文化条件下，探索科学的地域发展道路，自觉地对城市特色和地区特色加以继承、保护和创新，建设具有地区特色的人居环境。

——摘自吴良镛的《人居环境科学导论》

◈ 面临席卷而来的“强势”文化，处于“劣势”的地域文化如果缺乏内在的活力，没有明确的发展方向和自强意识，不自觉地保护与发展，就会显得被动，有可能丧失自我的创造力与竞争力，淹没在世界“文化趋同”的大潮中。

——吴良镛

◈ 城市的历史文化是城市特色中最精华的部分，城市形象要有自己的特色。城市面貌、城市建筑艺术是城市文化的重要组成部分，特别是现代化城市，越是具有较高文化素质的城市越能体现现代化。

——摘自两院院士、建设部原副部长周干峙的《树立建筑思想文化的民族自尊心》

◈ 城市建设是一个历史范畴，任何一座城市在塑造文化环境时都应该立足当代、继承历史、展望将来，都需要在自己城市文化特色的基础上进行再创造，才能使城市形象特色脱颖而出。

◈ 城市是文化的最集中的表现，城市建设未来也是文化的建设与创造，当前的建设既要与历史环境很好地结合，又要给未来保留开拓的可能途径。总之，要维护城市发展在历史文化上的连续性。

——摘自中国工程院院士、著名建筑大师张锦秋的《城市文化环境的营造》

❖ 我们尊重传统，但不迷信传统，尽量不去仿古复古。我们要以现代化的手段和创新意识去弘扬传统文化。

——摘自中国工程院院士、著名建筑学家钟训正的《顺其自然，不落窠臼》

◈ 文化是城市的灵魂，应当建设好城市这个灵魂。

——摘自中国工程院院士、著名建筑大师李道增2006年12月10日应邀考察成都文殊坊时的演讲

❖ 城市应当把城市的文化遗存交给子孙后代，一个城市的历史感还是很重要的。

❖ 传统要跟世界先进技术融合起来，进行创新。创出来的东西是中而新，不是中而古的东西，既要有中国味道，也要有现代气息。光谈继承，没有创新，就没有生命力。

——李道增（摘自《李道增：建筑学者的文化使命》）

◈ 我们将来追求的城市文化，应该是先进的城市文化，符合“三个代表”的重要思想。文化应该融化在城市规划当中。文化并不仅仅是在历史文化名城里，非主流历史文化名城也有历史的问题，也有要保存城市记忆的问题。

——摘自邹德慈在2007年中国城市规划年会上所作的学术报告《快速城市化浪潮下的文化复兴》

❖ 宜人生活空间的创造重在内容而不是形式，在与人的交往中，宽容和谅解的精神是城市生活的首要因素。

❖ 在保存和维护历史遗产和文物的同时要继承文化遗产。

——摘自《马丘比丘宪章》

◈ 文化是历史的积淀，存留于城市和建筑中，融合在人们的生活中，对城市的建造、市民的观念和行为起着无形的影响，是城市和建筑之魂。

——摘自《北京宪章》

❖ 城市文化力是指城市人类在社会实践过程中，以健康的文化价值观念和思维方式为指导所表现出来的使城市得以存在和发展的能力，是城市经济与社会发展的力量源泉。

——摘自《世界经济文化年鉴》

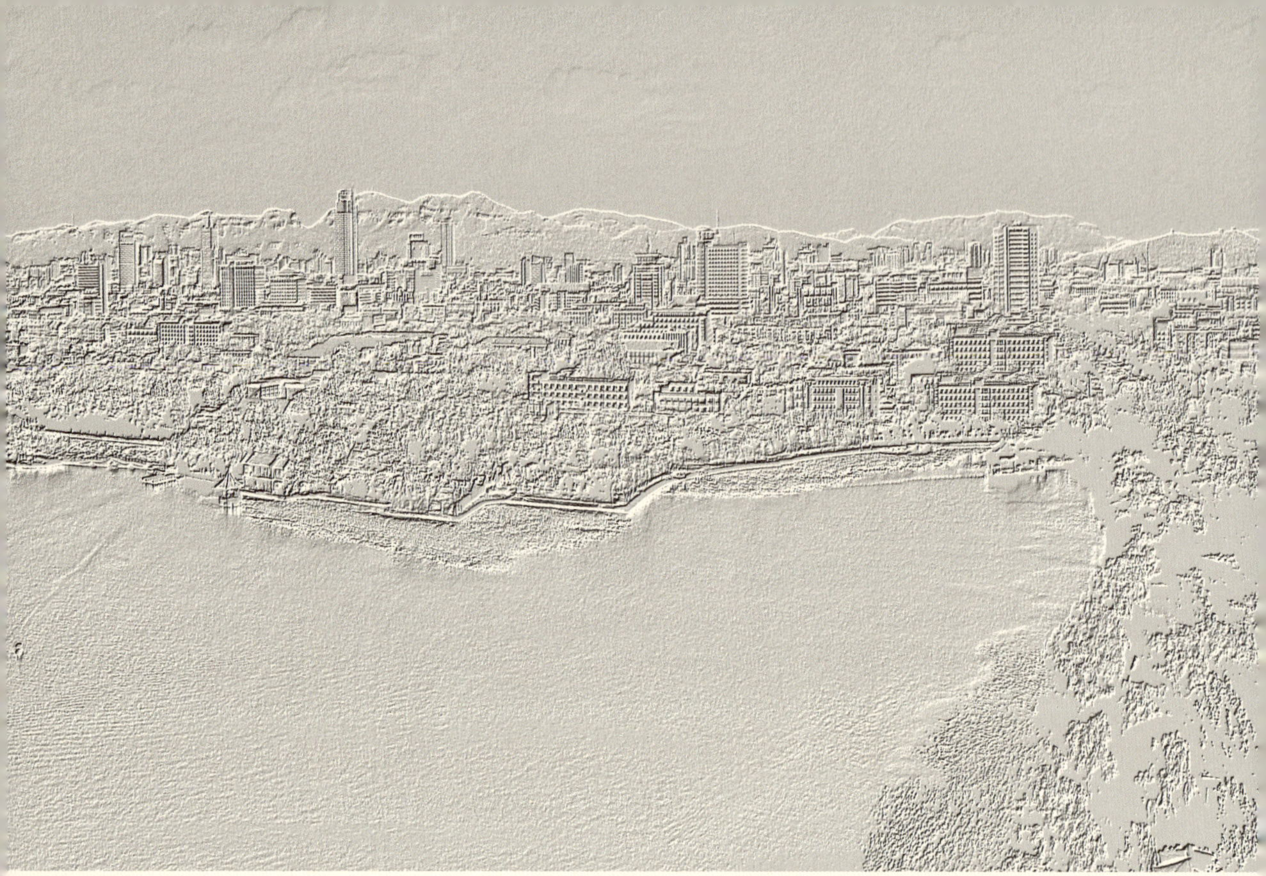

城市历史

◈ 正是对祖先的纪念行为，产生了原始的定居文化，从而促进了围绕圣地和纪念性汇聚地点的聚落与村镇的形成。因而，纪念空间在城市的产生、发展过程中起到了重要的作用，在当前城市的空间结构中，纪念空间也同样占据着重要的地位。

◈ 城市是靠记忆而存在的。

◈ 如果我们要为城市生活奠定新的基础，我们就必须明了城市的历史性质，就必须把城市原有的功能，即它已经表现出来的功能，同它将来可能发挥的功能区别开来。

——摘自刘易斯·芒福德的《城市发展史》

◈ 一旦某个物体拥有一段历史、一个符号或某种意蕴，那它作为标志物的地位也将得到提升。

❖ 为了现在及未来的需要而对历史遗迹的变化进行管理并有效地加以利用，胜过对神圣过去的一种僵化的尊重。

❖ 一个不能改变的环境会招致自身的毁灭。我们偏好一个以宝贵的遗产为背景并逐步改良的世界，在这个世界人们能追随历史的痕迹而留下个人的印记。

——摘自凯文·林奇的《城市意象》

◈ 老建筑对于城市是如此不可或缺，如果没有它们，街道和地区的发展就会失去活力。

◈ 城市需要传统的街道，宜人的小街区，古老的房子，而不只是千篇一律的方格网络和庞大的建筑。

——摘自简·雅各布斯的《美国大城市的死与生》

❖ 城市形态记载着历史，城市形态是各种历史片断的丰富交织。当现实与历史能恰当地和谐共处时，形成的城市空间形态是最富有魅力的，可以共同演绎出最有文化活力的新形象。

——摘自美国著名规划专家柯林·罗的《拼贴城市》

◈ 在城市机理研究中把历史研究从方法中清理出去之后，城市就变成了一个没有冲突只有效率的实体。

——摘自英国著名建筑理论家约瑟夫·里克沃特的《城之理念—有关罗马、意大利及古代世界的城市形态人类学》

❖ 中国历史文化传统是太珍贵了，不能允许它们被西方传来的这种虚伪的、肤浅的、标准的、概念的洪水所淹没。我确信你们遭遇了这种威胁，你们需要用你们的全部智慧、决心和洞察力去抵抗它。

——摘自英国皇家建筑学会会长帕金森访华时的讲话

◈ 如果国家建筑与规划师在历史地区的责任是帮助当地市政府改善城市居住环境的话，他们应该鼓励新旧建筑的和谐共生。

◈ 在今天的城市中，他们应该推动适合于历史地区的现代化进程。当他们将城市历史地区作为丰富多彩的城市中的一部分时，他们将城市的记忆整合进城市规划的活动中，并致力于将一个孤独的“城市博物馆”转变为处于不断发展中的城市地区。

——法国著名建筑大师阿兰·马莱诺斯

❖ 今天，人们越来越充分地认识到，在人造城市中总缺少着某些必不可少的成分。同那些充满生活情趣的古城相比，我们现代人人为地创建城市的尝试，从人性的观点而言，是完全失败的。

——摘自C·亚历山大的《城市并非树形》

◈ 未来的规划应延续现有城市的历史肌理与传统肌理，将过去带入现在并提供一种仍然能够体味得到的过去。

——摘自英国著名规划大师史蒂文·蒂埃斯德尔的《城市历史街区的复兴》

❖ 这是一种难以置信和十分荒唐的情况：我们正在浪费着大量的遗产，因为我们回避重新解释它，并使之能够互相交流的责任。我们完全忘掉建筑语言的日子已经为期不远了。

——意大利著名建筑师和历史学家布鲁诺·赛维

◈ 我们对城市的记忆正在消失，以后可能要靠图片来拼凑我们的记忆了……可识别性的消失导致大量没有历史、没有中心、没有特色的通俗城市的出现。

——摘自雷姆·库哈斯的《疯狂的纽约》

◆ 城市保护如果不需要更多的规划，那么它至少还需要一个多样性地、弹性地、敏感地对发展进行观察的、能够快速作出反应的规划。

——摘自德国著名城市规划专家G·阿尔伯斯的《城市规划理论与实践概论》

◇ 正统的现代规划理论认识复杂性不足，也不一致。现代城市理论家们在试图打破传统从头做起时，把原始而基本的东西理想化了，牺牲了多样而复杂的东西。

——摘自美国著名建筑师罗伯特·文丘里的《建筑的复杂性与矛盾性》

◆ 建筑是本历史书，在城市中漫步，应该能够阅读它，阅读它的历史、它的意韵。

——日本著名建筑大师黑川纪章

◇ 城市是一部史书，每一个历史时期都有属于它的一页，这部书是历史的记忆，每个人都有自觉保护它的义务。

◇ 城市里的老建筑就象一个天生丽质的美女，脸上虽然蒙上了污垢，但擦洗干净稍加装扮，她依旧光彩照人。

——新加坡著名规划大师刘太格

◆ 我国有许多值得骄傲的历史文化古城镇，这些古城镇的空间形态可能不再适合于今天城市的社会经济内容。但是形成优美的中国文化空间形态的机制却可能在今天仍然有指导意义。

——摘自新加坡著名城市规划专家朱介鸣的《中国城市规划面临的两大挑战》

◇ 倡导城市的计划性和有机疏散，将城市的新区建设与古城保护、改造、利用相结合；注重环境保护与环境整体性，尊重城市的历史和文化价值，从文化、历史角度创造城市的特色风貌。

◈ 古建筑绝对是宝，而且越往后越能体会它的宝贵。

——摘自梁思成的《梁思成文集》

✽ 保护古建筑，要让它延年益寿，不要返老还童。

——摘自梁思成的《中国建筑和艺术》

◈ 一个最有个性的城市，也是最富有魅力的城市，最具发展潜力和竞争力的城市。城市一旦失去历史文化遗迹，犹如人失去鲜明的个性，得到的利益是暂时的，而遗憾却是永远的。

——摘自吴良镛的《世纪之交的凝思：建筑学的未来》

✽ 城市总是需要新陈代谢的，这种代谢应当像新老细胞更新一样，是一种"有机"的更新，而不是生硬的替换。只有这样，才能维护好古城的整体风格与肌理。

✽ 不同的文化名城具有不同的地域文化内涵，其城市风格与肌理也各不相同，但是，都可以运用"有机更新"的思路，来保护好古城的肌理和灵魂。

✽ 城市城区有机更新，要按照城市内在的发展规律，顺应城市之肌理，在可持续发展的基础上，探索城市的更新与发展。

——吴良镛（摘自《把什么样的世界交给子孙——吴良镛院士谈古城保护》）

◈ 城市是一个有机体，对它的整治与改造应顺应原有的城市肌理，创造适应今日的生活环境，千万不可粗暴地大拆大改，否则城市失去了史迹，犹如人失去了记忆，沦为丧失历史遗迹的历史文化名城，居民的心理不能不受到影响。

——摘自吴良镛的《人居环境科学导论》

❁ 在追求现代的过程中，片面认为高楼大厦就是现代化，是在藐视过去迷信今天，结果是标志性建筑建成之日，就是城市原有特色消失之时，最终落得千城一面的境地，必须对原来理论体系和方法重新加以审视。

❁ 未来东方城市的复兴有赖于我们新的创造。我们面临的不仅仅是遗产保护问题，还有艰巨的城市复兴任务。

——摘自吴良镛在2007年6月北京召开的“城市文化国际研讨会暨第二届城市规划国际论坛”上的发言

◈ 历史文化是城市发展之“源”，城市化是发展之“流”。我国城市应当“源远流长”，才是健康的持续发展之道。

——周干峙

❁ 中国优秀的传统不是不要，而是要继承其精髓，学习其优秀的本质。我们要将传统与现代结合起来，使传统焕发出新的朝气，使其与现代科学技术相结合，为今后的发展作出新的贡献。

——摘自中科院院士、著名建筑大师彭一刚的《创意与表现》

◈ 历史告诉我们，城市的积淀与资本的积累是同时形成并完善的。任何城市的演变都是城市的历史与引入新因素的相辅相成。城市的历史和历史建筑应当是我们的资源，城市的特色，而不是城市建设的障碍。

——摘自郑时龄的《理性地规划和建设理想城市》

❁ 优秀的建筑需要全民的扶植和培育，需要全民善待城市，爱护我们这座经历了近千年发展演变的城市，爱护建筑，尊重建筑师，尊重文化，尊重艺术。而不是将我们的城市，将历史街区，将城市中的建筑看作是积累资本的掠夺对象。

——摘自郑时龄的《当代中国的城市化与全球化》

◈ 有历史价值的古建筑均应妥为保存，不可加以破坏。

◈ 保存好代表某一时期的、有历史价值的古建筑，具有教育今人和后代的重要意义。

◈ 旧城建设用地规模应符合传统街巷肌理，避免形成超大规模的街坊。

——摘自《雅典宪章》

✿ 一切有价值的说明社会和民族特性的文物必须保护起来。

✿ 保护、恢复和重新使用现有历史遗址和古建筑，必须同城市建设过程结合起来，以保护这些文物具有经济意义，并继续具有生命力。

——摘自《马丘比丘宪章》

◈ 当存在建筑技术和建筑形式的日益普遍化可能造成整个世界的环境单一化的危险时，保护历史地区能对维护和发展每个国家的文化和社会价值作出突出贡献，这也有助于从建筑上丰富世界文化遗产。

——摘自联合国教科文组织 1976 年通过的《关于历史地区的保护及其当代作用的建议》

✿ 保护一座文物建筑，意味着要适当地保护一个环境。任何地方，反传统的环境还存在，就必须保护，凡是会改变体型环境和颜色关系的新建、拆除或变动，都是决不允许的。

✿ 将文化遗产真实地、完整地传下去是我们的责任。

——摘自《威尼斯宪章》

生态城市

◈ 人类社会必须和周围的自然环境在供求关系上相互取得平衡，才能持续地保持活力。荒野也是人类社区的组成部分，是文明生活的靠山，要平等地对待大地的每一个角落。

——摘自格迪斯的《进化中的城市：城市规划运动和文明之研究导论》

❖ 把自然看成是城市的对立面，并将其笼罩在伤感的情调里，这样的结果显然就会得出这么一个结论，即，所谓自然就只是风花草月、鸟虫鱼禽，而不是别的；这种荒唐、幼稚的思想只会导致对自然的糟蹋，即使是大家一致认为的自然的代表——宠物也逃脱不了这样的厄运。

——摘自简·雅各布斯的《美国大城市的死与生》

◈ 一座可持续发展的城市就是一座公平的城市，一座美丽的城市，一座创新的城市，一座生态适宜的城市，一座易于交往的城市，一座具有多样性的城市。

——摘自理查德·罗杰斯的《小行星上的城市》

❋ 对人—环境的审慎控制必须坚决以系统的观点为基础。

——摘自麦克洛克林的《城市与区域规划：一个系统性方法》

◈ 生态村是以人类为尺度，把人类的活动结合到不损坏自然环境为特色的居住地中，支持健康地开发利用资源及能持续发展到未知的未来。

——摘自丹麦著名生态学家罗伯特·吉尔曼的《生态村及可持续的社会》

❋ 自然与人的关系问题不是一个为人类表演的舞台提供一个装饰性的背景，而是需要把自然视为生命的源泉、社会的环境、诲人的老师、神圣的场所来维护。

——摘自英国著名环境设计及区域规划专家伊恩·麦克哈格的《设计结合自然》

◈ 需要实现经济、生态和社会目标之间的平衡，使得空间得以可持续地发展。

——摘自 IsoCaRP 的《千年报告》“重申 1993 年布拉格第 30 次会议的决议”

❋ 竞争，是市场经济的基本法则，北京未来的发展必然是在竞争中的发展。城市之间的竞争，主要是在物质环境、自然环境和人文环境等综合质量的竞争。未来城市之间竞争中，城市环境是很关键的问题。

——摘自吴良镛的《大北京地区空间发展规划遐想（续）》

◈ 我们的目标是建设可持续发展的、宜人的居住环境。

◈ 人居环境的灵魂即在于它能够启动人们的心灵，在客观的物质世界里创造更加深邃的精神世界，我们在进行人居环境建设时，必须努力做到科学追求与艺术创造相结合，使之拥有长远的、在一些特殊的建筑物上甚至是永恒的感染力。

◈ 人居环境是人类与自然之间发生联系和作用的中介，人居环境建设本身就是与自然相联系和作用的一种形式，理想的人居环境是人与自然的和谐统一，或如古语所云“天人合一”。

◈ 人居环境建设应强调人的价值和社会公平。

◈ 各种人居环境的规划建设，必须关心人和他们的活动，这是人居环境科学的出发点和最终归属。

◈ 生态观、经济观、科技观、社会观、文化观，亦即发展中国人居环境科学的五项原则。

◈ 地景学要融合生态学等观念的发展，从咫尺天地走向“大地园林”，为人居环境创造可持续景观。

◈ 人居环境科学的普及与提高，一方面要依靠科学工作者的研究实践；另一方面更重要的是要依靠全社会教育水平的提高。

◈ 人居环境形象创造的三项指导原则：

① 不同空间层次（区域的、城市的、社区的）都存在城市设计的广阔天地，设计者要“外得造化，中得心源”；

② 人工环境与自然环境的美妙结合、巧为因借、相得益彰；

③ 基本原则的一致性与形象世界的多样性，“一法得道，变化万千”。

——摘自吴良镛的《人居环境科学导论》

“不谋全局者，不足谋一域；不谋万世者，不足谋一时。”我毕生的目标就是创造良好的、与自然和谐的人居环境，让人们能诗意般、画意般地栖居在大地上，这也是每一个建筑师应有的追求和情怀。

——吴良镛（摘自《吴良镛谈贝聿铭及“人居环境”营造》）

◈ 山水城市是提供人工环境与自然环境相协调发展的，其最终目的在于建立以城市为代表的“人工环境”与“自然环境”相融合的人类聚居环境。

——吴良镛

✽ 中国传统城市把山水作为城市构图的要素，山水与城市浑然一体，显然与山水构图和城市选址布局的“风水学”等理论有关。

✽ 山得水而活，水得山而壮。因此“城得山水而灵”。

——摘自吴良镛的《山水城市与中国——21 世纪中国城市发展纵横谈》

◈ 自然离开了人，仍能继续存在，而人离开了自然，则不能生存。自然是人居环境的基础，人的生产活动以及具体的人居环境建设都离不开更为广阔的自然背景。

——摘自吴良镛的《区域规划与人居环境创造》

✽ 城市包括山水是人为意识的城市规划产物，它一定要与天然的山水互相配合才能构成山水城市的具象。

——摘自中国工程院院士、著名建筑大师莫伯治的《关于山水与山水城市》

◈ 生态城市建设是在科学发展观指导下实现区域可持续发展的道路，它不同于城市的生态建设，也不同于一般的专项规划，它在城市发展中居于基础和统筹协调的特殊地位。

◈ 生态城市建设是一种新的发展模式，不同地区由于自然和社会条件的差异，在发展过程中有不同的起点和不同的目标，关键在于发展的方向是否正确、资源的利用是否高效、人与自然是否和谐、人居环境是否能不断改善。

◈ 生态城市建设是一个长期、持续、渐进的动态演化的系统工程。强调演化方向的正确、有序、和谐，不断调整偏离，提供演化动力。

——摘自中国工程院院士、著名生态学家李文华的《对中国生态城市的认识和思考》

✤ 城市是人类聚居并借以生存、生活和持续发展的一个独特环境，因此在城市化过程中，要注重使城市建设、产业成长与自然环境同步协调地发展。

——摘自中国工程院院士、著名风景园林设计大师孟兆祯的《城市建设：在保护自然与合理规划中求发展》

◈ 为使城市的自然生态、社会人文、空间、生活、行政、经济等环境更适宜人们的生活和工作，很多城市必须进行"再城市化"，优化城市设计和城市公共环境，重组城市的产业和空间——遵循可持续发展和环境保护的原则，在城市中提供方便生活的城市地区；鼓励在有可能减少能量消耗的地方开发新建筑；鼓励城市土地和建筑再生，对被遗弃和被污染土地修复后加以利用、进行开发或者作为露天场所；提高城市郊区的土地利用；进行综合开发，把维持乡村经济和保护乡村的风景、野生动植物、农业、森林、娱乐以及自然资源价值等相结合。

——摘自郑时龄的《全球化影响下的中国建筑》

✤ 城市是人工环境和自然环境的结合。良好的、科学的、巧妙的结合能构建出优化的、宜居的城市环境。"和谐"是这种结合的最高境界和目的。

——摘自邹德慈在第二届中国威海国际人居节"城市规划·旅游发展"国际论坛上的发言《城市的宜居性》

◈ 真正意义上的、高水平、高质量的城市生态环境必须是整个城市系统的协调、和谐、完善、完美，既有高度的物质文明，又有高度的精神文明。

——邹德慈

❖ 控制城市发展的当局必须采取紧急措施，防止环境继续恶化，恢复环境原有的正常状态。

——摘自《雅典宪章》

◈ 人们的生活水准和生活状况各不相同，他们生活在各种各样的地理环境中，气候、社会经济体制、文化背景、生活习惯和价值观念都不一致。因此，他们进一步发展的方式也理应不同。人居环境规划必须充分尊重地方文化和社会需要，寻求人的生活质量的提高。

——摘自 1981 年《华沙宣言》

❖ 我们今天的社会正在严重地破坏环境，这样是不能持久的；因此需要改变思想，以探求自然生态作为设计的重要依据。

❖ 建筑及其建成环境在人类对自然环境的影响方面扮演着重要角色；符合可持续发展原理的设计需要对资源和能源的使用效率、对健康的影响、对材料的选择方面进行综合思考。

——摘自 1993 年《芝加哥宣言》

◈ 一个人类住区不仅仅是一伙人、一群房屋和一批工作场所。必须尊重和鼓励反映文化和美学价值的人类住区的特征多样性，必须为子孙后代保存历史、宗教和考古地区以及具有特殊意义的自然区域。

——摘自 1976 年联合国《人类住区温哥华宣言》

城市形象

◈ 我们快速行驶的小车驶上一条特殊的、位于壮观的摩天大楼间的高架桥；当我们驶近时，可以看见24层摩天大楼顶着的蓝天时隐时现，在我们的左右的每个单个区域的外部是一些政府和行政楼；而最外层是博物馆和大学楼群。整个城市是一个公园。

——勒·柯布西耶

◈ 有些城镇之所以能形成如此生动、美好的面貌，不是仅靠多建漂亮的房屋，而是得益于这些房屋在形式上的相互协调。

——摘自伊利尔·沙里宁的《城市：它的发展、衰败和未来》

◈ 城市形象是一种"公众意象"，是公众对城市的总体评价和认知，包括理念形象、行为形象、视觉形象等，表达着城市的结构、个性和意蕴。

◈ 作为人造的世界，最好的城市应该是用艺术创造，按照人类用途塑造的。

◈ 一个可持续的城市景观，应该拥有各种独特的、可读性极强的场所。

◈ 城市形象的三个条件：识别性、结构和意义。其中“识别性”指物体的外形特征或特点；“结构”主要指物体所处的空间关系和视觉条件；“意义”主要指对观察者在使用和功能上的重要性。

◈ 一个具有高度可读性的城市应该看起来适宜、独特而不寻常，应该能够被吸引视觉和听觉的注意和参与……这种城市具有高度连续的形态，由许多各具特色的部分互相清晰地连接，能够逐渐被了解。

——摘自凯文·林奇的《城市意象》

❖ 环境是原始文化的一个完整组成部分，人们在其中工作、繁衍、生息，与之和谐相处，几乎每时每刻，他们都将自身完全融入环境而不愿离开。

——摘自凯文·林奇的《城市形态》

◈ 一条有活力的街道应该既有行人也有观看者。

——摘自简·雅各布斯的《美国大城市的死与生》

❖ 城市中的美不是事后思考的事，它是一种需要。人不可能在长期生活中没有美。环境的秩序和美犹如新鲜的空气对人的健康同样必要。

❖ 一个小城市是自然怀抱中的一个物体。

❖ 存在于自然骨架中的建筑物和小城市，常常能使人看到它和环境的全貌，因此它们在自然背景中显得格外突出；是沉静的背景中的活跃因素。

——摘自英国著名建筑师和城市规划专家F·吉伯德的《市镇设计》

◈ 每个城市都应有其个性，让人只需置身其中，无需别人告诉就知道自己在哪。城市个性显示了城市的竞争优势，也是城市的魅力所在。

——彼得·霍尔

◆ 全世界有一个很大的危险，我们的城镇正在趋向同一个模样，这是很遗憾的，因为我们生活中许多乐趣来自多样化和地方特色。

——摘自帕金森访华时的讲话

◇ 一座城市予人的第一印象是它的城市景观，景观美的内涵是整齐有序。

——刘太格

◆ 环境艺术有多种多样的追求，要讲求整体之美、特色之美、充实之美，以城市设计为基点，发挥建筑艺术创造："乱中求序"从"混乱危机"中探索各个发展阶段中的整体之美；在"特色危机"中保护原有特色，并在原有和新的基础上发展新的特色。

——摘自吴良镛的《人居环境科学导论》

◇ 城市特色是指一座城市，它的内容和形式明显区别于其他城市的个性特征。城市特色包括城市内涵及外在表现两个方面。城市的内涵，是指城市性质、产业结构、经济特点、传统文化、民俗风情等。城市内涵的外在表现即体型环境。

——摘自吴良镛的《城市特色的探求》

◆ 一个城市的个性和特征是其形态结构和社会发展特点的结果。

◆ 不应该把城市空间当作一系列孤立的组成部分拼在一起，而是要追求空间环境的连续性。

——摘自《马丘比丘宪章》

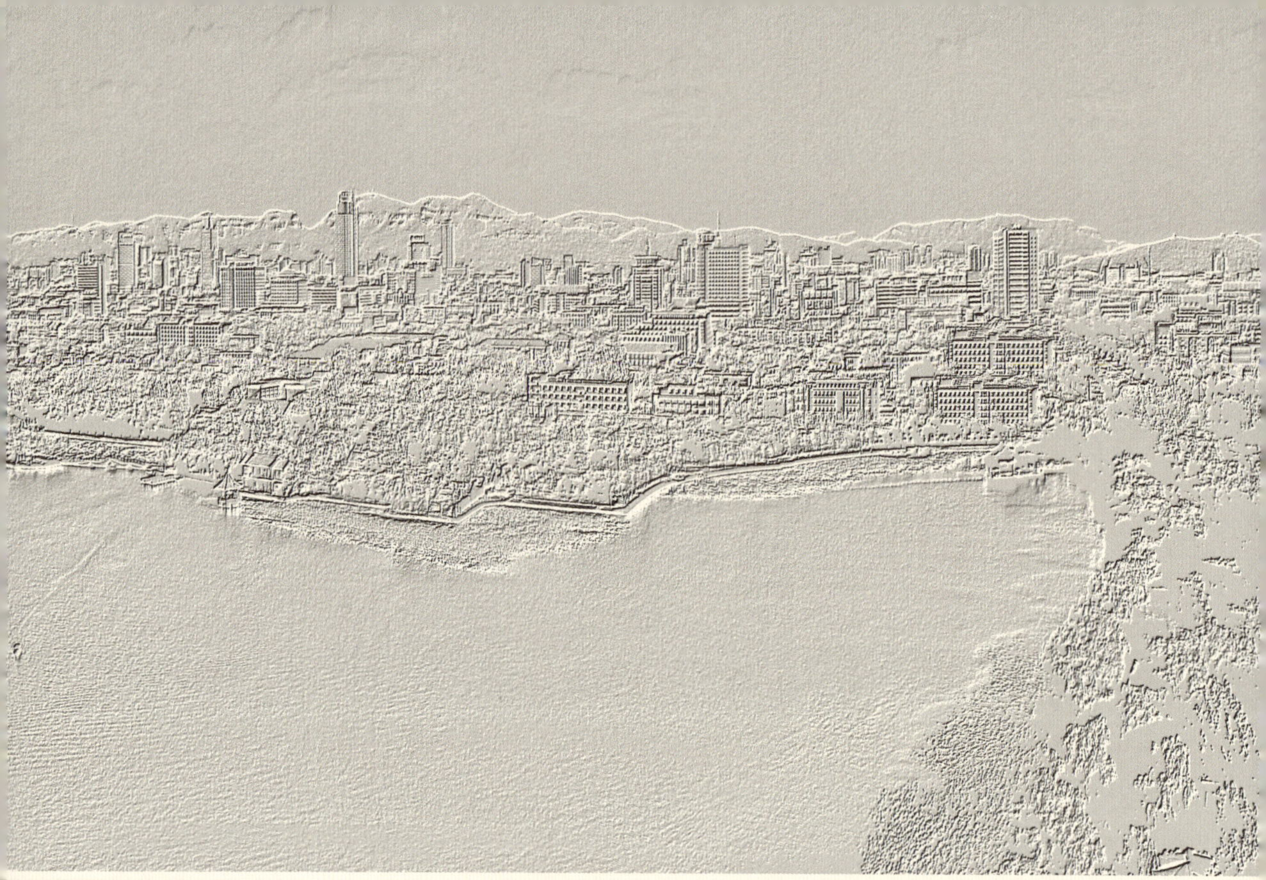

规划管理

◈ 城市无法独自制订所有的必要政策，国家必须提供合适的宏观经济政策框架。

——彼得·霍尔

❖ 一个城市并不是根据一张二十年的远景蓝图设计而成的，而是一个连续性的决策过程。城市设计并非仅局限于某些特定的实质。

——美国著名城市设计专家巴奈特

◈ 无论何种城市政策，其归根结底都以影响和调节城市中各种利益群体的相互关系为最终目的或结果。

——英国著名艺术家大卫·摩根

◈ 城市规划成功与否的关键在于如何处理好政府与市场的关系。城市规划应更多注重环境污染和社会公正等公共问题。市场经济制度下的城市土地利用规划，既要引导政府公共投资项目在空间上合理布局，更要为大量市场投资项目提供规则和秩序。

——朱介鸣

◈ 只有土地资源高效率使用，才有城市经济发展的可持续性和社会发展及良好环境的可持续性。建立有利于促进土地使用高效率的城市建设制度应该是规划界必须关注的极其重要的任务。

◈ 对土地市场的管理主要是对土地产权的管理，限定个体业主和政府双方权利义务的土地产权安排是达到土地市场效率的关键所在。

——摘自朱介鸣的《可持续发展：遏制城市建设中的"公地"和"反公地"现象》

◈ 希望作为城市规划决策者的市长都能具有诗人的情怀、旅行家的阅历、哲学家的思维、科学家的严格、史学家的渊博和革命家的情操。

◈ 对地方决策者来讲，都要有较高的水平，包括政策水平、哲学水平、思想水平，对历史知识、世界各国发展知识都要有所了解，能够独立思考，这样各行各业的工作者才能跟他轻松地交流。只有深入系统地了解一个地区的历史，才能让自己、让市地区发展避免再走过去的一些弯路。对世界各国的发展知识有了解，可以帮助决策者们开阔视野，制定科学合理的长远规划和短期规划，促进市地区又好又快发展。

——吴良镛

◈ 城市不是企业，城市经营和企业经营不是一回事，城市规划不能被开发商牵着鼻子走！代表公共利益和体现政府行为的城市规划必须具备驾驭市场经济包括房地产开发的能力，以弥补市场失效。

——摘自邹德慈2005年在济南市规划局举办的“规划名家讲坛”上的演讲

- 城市规划必须保持一定的“弹性”，对空间、土地利用进行强制和引导相结合的管制，适应社会主义市场经济的需要，有效地服务于城市发展和管理。
- 要建立民主科学的规划管理决策机制。处理好规划与决策的关系，凡城市发展的重大决策，城市政府及其规划行政主管部门必须在决策内容、决策程序等方面，充分尊重专家和公众的意见。
- 要加强规划对房地产开发的规制和引导，处理好规划与开发的关系，在开发项目选址、规模、标准、配套设施等方面，强化规划的审批管理和监督。

——摘自中国城市规划学会成立50周年庆典大会发布的《中国城市规划广州宣言》

公众参与

◈ 规划知识和技术不仅仅为政府服务，对规划师来说重要的是代表并服务于各种不同的社会群体，特别是无权无势的人和少数的弱势人群，因为在过去的政府决策和规划过程中，这部分人的政治利益未被很好地表达。

◈ 规划人员应更积极地投入到政治过程中去，他们应在公众中充当各色市民团体的“支持者”，特别是要支持那些弱势群体或者少数民族，因为他们的利益在规划过程中没有得到充分的表达。

◈ 在众多利益群体的规划方案中，规划师要作为代表者和辩护士。实施这个建议的基础是要建立一个有效的城市民主，使得公民能够在决定公共政策的过程中发挥积极作用。

◈ 适宜的规划行为不可能从一种价值中立的立场中得出，因为规划的形成是建立在所向往的目标的基础上的。

——摘自美国著名规划理论家保罗·达维多夫的《规划中的倡导与多元主义》

✽ 在任何旨在实现民主的政治体系中，认同规划决策具“政治性”，自然就意味着公众应在决策中有发言权或“参与”权。

✽ 没有真正的沟通就不可能有真正的公众参与规划决策。

✽ 城镇规划是一项政治活动，因此规划方案和规划决策中有关价值判断的内容欢迎公众参与，进行政治争论。

✽ 在现代任何社会中，公众都是由各种不同的群体所构成的，持有不同有时甚至是不相容的利益倾向。

✽ 位于不同层级的群体（例如在收入方面）关于公共住宅政策的优先次序有着极其不同的看法。由于缺乏共识，使得关于住宅规划和政策指导原则的决策成为了一个充满争议的“政治”行为。

——摘自尼格尔·泰勒的《1945年后西方城市规划理论的流变》

◈ 房屋只构成镇，市民才构成城。

——法国著名哲学家、作家卢梭

✽ 最终城市建设能否成功，领导的责任是非常重要的，但全市人民更应该负责任。

——摘自刘太格的《探索设计理念　把握城市文化》

◈ 只有把人居环境科学知识普及到社会，才能真正作到公众参与，人民教育自己，为城市的共同目标奋斗，才能得到公众的支持和积极性、创造性的发挥。

——摘自吴良镛的《人居环境科学导论》

❖ 城市规划必须建立在各专业设计人、城市居民以及公众和政治领导人之间的系统的不断的互相协作配合的基础上。

❖ 城市的生命力源于城市中的人和他们的活动。

❖ 我们深信人的相互作用与交往是城市存在的基本依据。城市规划与住房设计必须反映这一现实。

❖ 在建筑领域中，用户的参与更为重要，更为具体。人们必须参与设计的全过程，要使用户成为建筑师工作整体中的一部分。

——摘自《马丘比丘宪章》

◈ 要预见社会新的需求，建立健全公众参与机制，维护社会公平，并对规划实施实行监督。

——摘自中国城市规划学会成立50周年庆典大会发布的《中国城市规划广州宣言》

城市建筑

◈ 当我们看那些自然的建筑，如高山和小坡，轮廓无规律而变化多端；相应地，桥墩、墙壁和角楼也应该各不相同。然而培养出来的毕业生往往不经过努力，设计中规中矩。其实只要研究一棵橡树或者榆树就可以驳倒那些常规的理论。

——摘自刘易斯·芒福德的《城市发展史》

❖ 建筑超越功利主义的需求，艺术融于其中。

❖ 建筑是人类居住的机器。

❖ 住宅是供人居住的机器，书是供人们阅读的机器，在当代社会中，一件新设计出来为现代人服务的产品都是某种意义上的机器。

❖ 建筑的目标在于创造完美，也就是创造最美的效益。但更有力的说法是：建筑留存下来因为它是艺术，因为它超越实用。

❖ 建筑是在光线下对形式的恰当而宏伟的表现。

❖ 革命从建筑开始。

❖ 建筑应该是时代的镜子。

❖ 一个伟大的时代已开始，它根植于一种新的精神，这种新精神孕育出大量的新作品，在工业产品中尤其如此。

❖ 建筑由传统习俗决定它的样式。建筑风格是一种谎言，样式是一个时期设计的所有作品的惯用原则的综合体现，是一个时代的产物，它有自己独特的特征，我们的时代正在每天决定自己的样式。

——摘自勒·柯布西耶的《走向新建筑》

◈ 建筑就像一本打开的书，从中你能看到一座城市的抱负。

——摘自伊利尔·沙里宁的《城市：它的发展、衰败与未来》

❖ 城市需要各种各样的旧建筑来培育多样性的首要混合用途，以及第二类用途。特别是，它们需要旧建筑来孵化新的首要用途。

❖ 城市不同用途之间的相互融合不会陷入混乱。相反，它代表了一种高度发展的复杂的秩序。

❖ 一个地区的建筑物应该各色各样，年代和状况各不相同，应包括适当比例的老建筑，因此在经济效用方面各不相同。这种各色不同建筑的混合必须相当均匀。人流的密度必须要达到足够高程度，不管这些人是为什么目的来到这里的。这也包括本地居民的人流也要达到相等的密度。

❖ 如果把城市的旧建筑经历的这些充满生机的变化视为只是权宜之计，那就过分学究气了。应该说这完全是一种好钢用在刀刃上的行为。旧建筑开发了一种用途。如果没有它，这种用途就根本不会产生。

❖ 有时候，用途的多样性与建筑年代的多样性的结合甚至可以帮助一些很长的街段摆脱单调沉闷的坏名声——而同时却并不需要通过刻意表现来达到这个目的，因为存在着真正有内容的差异。

◆ 最令人赞赏和最使人赏心悦目的景致之一是那些经过独具匠心的改造而形成新用途的旧建筑。

◆ 有时候，只要把一个建筑建得比旁边的房屋大一点，或者是造成在风格方面的不同，就可以使它拥有标志建筑的特征。

——摘自简·雅各布斯的《美国大城市的死与生》

◈ 人是万物的尺度。

——古罗马著名建筑师维特鲁威

◆ 有机建筑就是人类精神生活的边界，活的建筑，这样的建筑当然而且必须是人类社会生活的真实写照，这种活的建筑是现代新的整体。

◆ 在有机建筑领域内，人的想象力可以使粗糙的结构语言变为相应的高尚形式，而不是去设计毫无生气的立面和炫耀结构骨架，形式的诗意对于伟大的建筑就像绿叶与树木、花朵与植物、肌肉与骨头一样不可缺少。

◆ 建筑，是用结构来表达思想的科学性的艺术。

◆ 建筑是人的想象力驾驭材料和技术的凯歌。

◆ 土生土长是所有真正艺术和文化的必要的领域。

◆ 建筑应该是自然的，要成为自然的一部分。

◆ 有机建筑抽掉灵魂就成了现代建筑。

◆ 建筑是体现在他自己的世界中的自我意识，有什么样的人，就有什么样的建筑。

——美国著名建筑大师赖特

◈ 建筑是凝固的音乐，音乐是流动的建筑。

◈ 当技术实现了它的真正使命，它就升华为艺术。

——德国著名建筑大师密斯·凡·德·罗

✽ 建筑是一种社会艺术的形式。

✽ 建筑和艺术虽然有所不同，但实质上是一致的，我的目标是寻求二者的和谐统一。

✽ 只要建筑能够跟上社会的步伐，它们就永远不会被遗忘。

✽ 空间与形式的关系是建筑艺术和建筑科学的本质。

✽ 建筑设计中有三点必须予以重视：首先是建筑与其环境的结合；其次是空间与形式的处理；第三是为使用者着想，解决好功能问题。

✽ 建筑是有生命的，它虽然是凝固的，可在它上面蕴含着人文思想。

✽ 建筑本身应像土里面生出来的一样。

✽ 建筑是一种心智习惯，不是一种职业。

✽ 建筑不是画画，你可以不看，它总是站在那，旁人看不顺眼，免不了有批评。所以说，建筑师面皮要厚一点。

——贝聿铭

◈ 形式追随功能。

——美国著名建筑师沙利文

✽ 建筑学应该涉及到建筑和社会历史之间的关联。

——罗伯特·文丘里

◈ 我相信有情感的建筑。“建筑”的生命就是它的美，这对人类是很重要的。对一个问题如果有许多解决方法，其中的那种给使用者传达美和情感的就是建筑。

——墨西哥著名建筑师路易斯·巴拉干

✽ 我们解释一个奇迹的时候，不必害怕奇迹失踪。

——英国著名建筑师雷恩爵士

◈ 只有在心不在焉的情况下，才能更好地欣赏建筑。

——美国著名设计师本杰明

❉ 作为建筑背景的自然景观是视觉的骨架，建筑物必须与其相适应。

——摘自F·吉伯德的《市镇设计》

◈ 建筑与基地间应当有着某种经验上的联系，一种形而上的联系，一种诗意的连结！

——美国著名建筑师斯蒂文·霍尔

❉ 建筑既是美学观念的表达，也是形象、价值和力量的体现。

——美国建筑评论家戈德伯格

◈ 一座伟大的建筑物，按我的看法，必须从无可量度的状况开始，当它被设计着的时候又必须通过所有可以量度的手段，最后又一定是无可量度的。建筑房屋的唯一途径，也就是使建筑物呈现眼前的唯一途径，是通过可量度的手段。你必须服从自然法则。一定量的砖，施工方法以及工程技术均在必须之列。到最后，建筑物成了生活的一部分，它发生出不可量度的气质，焕发出活生生的精神。

◈ 这就是建筑，它体现了无法测量的因素。

——摘自路易斯·康的《静谧与光明》

❉ 新建筑是由理性决定的，新建筑是由历史铺垫的，新建筑代表着克服历史，新建筑代表着时代精神，新建筑是治疗社会的良药，新建筑是年轻的、并在自我更新的，它永远不会落伍于时代。但是新建筑可能最终意味着欺骗、虚伪、虚荣、花言巧语和强权的终结。

——摘自柯林·罗的《拼贴城市》

◈ 人们记忆中时常出现的也许是前现代城市中的空地，而不是建筑，这一点深深地印在人们的脑海中，即使是著名的开阔空间，如果脱离开周围的建筑肌理，也会变得毫无特点。所以，不断扩张的分裂式现代城市所面临的主要问题不是缺少开阔空间，而是开阔空间太多而且其定义也丧失了。过多的开阔空间意味着那种真正的、值得回忆的开阔空间的丧失。

——美国著名建筑师彼得·布坎南

✽ 建筑的实质是空间，空间的本质是为人服务。

——美国著名建筑师约翰·波特曼

◈ 全世界的建筑，能不能从西方的哲学，从东方古老的哲学中走出来，从发达国家的道路中走出来，找到新的道路。

——摘自印度建筑师查尔斯·柯里亚在荣获第三届国际建协金质奖章时的发言

✽ 在我看来，现代建筑史既涉及建筑本身，也同样涉及人们的思想意识和精神实质。

——摘自美国建筑与规划专家肯尼斯·弗兰姆普敦的《现代建筑——一部批判的历史》

◈ 创新意味着质疑已有的方法，创新需要提升建筑通常关注的事物和现状。创新需要理论，最终要求关注良好的生活和良好的社会。伟大的建筑和宏观的建筑理论依存于与社会进步有关的建筑进步。

◈ 建筑设计如同艺术创作，你不知道什么是可能，直到你实际着手进行。当你调动一组几何图形时，你便可以感受到一个建筑物已开始移动了。

——英国著名建筑师扎哈·哈迪德

◈ 把城市看成是一种扩大形式的建筑学，那就是建筑师设计单栋建筑，城市规划师设计建筑群。

——帕金森

◈ 建筑是带有功能的雕塑。

——加拿大著名建筑师罗布森

◈ 有人认为建立新形式的标准化是走向建筑和谐的唯一道路，并且能用建筑技术加以成功地控制。而我的观点不同，我要强调的是建筑最宝贵的性质是它的多样化和联想到自然界有机生命的生长，我认为这才是真正建筑风格的唯一目标。如果阻碍朝这一方向发展，建筑就会枯萎和死亡。

——芬兰著名建筑师阿尔瓦·阿尔托

◈ 在当代条件下，建筑继续存在于城市之中，是城市的一部分，使城市生活的某些空间得以物质化。然而，今天更胜于过去者，就是我们意识到城市要多于它的建筑物和建筑学……所有这些，都不仅是完全跳出了建筑师日常职业实践的范围，而且，我们习以为常的分析手段和建造项目都无法对这些条件提出答案。

——摘自I·S·莫拉莱斯在第十九届世界建筑师大会上的主题报告

◈ 虽然建筑的形态、空间及外观要符合必要的逻辑，但建筑还应该蕴含直指人心的力量。这一时代所谓的创造力就是将科技与人性完美结合。而传统元素在建筑设计中担任的角色应该像化学反应中的催化剂，它能加速反应，却在最终的结果里不见踪影。

——日本著名建筑大师丹下健三

◈ 建筑应该像文字作品一样，行走其间，在城市中漫步，应该去阅读它，感受它。

——黑川纪章

◆ 建筑的一半依赖于思维；另一半则源自于存在与精神。

——日本著名建筑大师安藤忠雄

◇ 就像每一个人都有自己的青春时代一样，每一个国家、每一座城市都有自己的建筑时代。

——日本著名建筑大师隈研吾

◆ 建筑首先要适应一种需要，而且是一种与艺术无关的需要。所以单为满足这种需要，还不必产生艺术作品。

◆ 建筑是地球引力的艺术。

——德国著名哲学家黑格尔

◇ 安居是凡人在大地上的存在方式。建筑并不仅仅是通向安居的一种手段和道路，建筑本身就是安居。我们不安居，因为我们已经在建筑。

——德国哲学家海德格尔

◆ 建筑是世界的年鉴，当歌曲和传说已经缄默，它依旧还在诉说。

◆ 建筑是时代的纪念碑。

——俄罗斯大文豪果戈理

◇ 建筑如果不能表现内心深处的感受，就什么都不是。

——美国著名作家克兰

◆ 建筑是一种姿态表达。并不是所有有意识的人的活动都是一种姿态，同理，并非每一栋能设计为建筑的房屋也都是一种姿态。

——英国哲学家维特根斯坦

◈ 人们习惯于把建筑称作世界的编年史；当歌曲和传说都已沉寂，已无任何东西能使人们回想一去不返的古代民族时，只有建筑还在说话。在石书的篇页上记载着人类历史的时代。

——前苏联著名美学家鲍列夫

✽ 一切文化，离不开建筑。

——摘自中国早期建筑学家朱启钤的《中国营造学社开会讲辞》

◈ 无论哪一个巍峨的古城楼，或一角倾颓的奠基的灵魂里，无形中都在诉说乃至歌唱时间漫不可信的变迁。

◈ 建筑之规模，形体，工程，艺术之嬗递演变，乃其民族特殊文化兴衰潮汐之映影；一国一族之建筑适反鉴其物质精神，继往开来之面貌。

◈ 一个东方老国的城市，在建筑上，如果完全失掉自己的艺术特性，在文化表现及观瞻方面都是大可痛心的。

◈ 建筑显著特征之所以形成有两个因素：有属于实物结构技术上之取法及发展者，有缘于环境思想之趋向者。

——摘自梁思成的《梁思成文集》

✽ 城里到处是房子，但是缺少建筑。

✽ 建筑活动是以其地域、时代、气候条件和当时能够提供的物产、材料的品种数量，更不自觉地受到同一时间的艺术、文化、技巧、知识、发明的影响，而建筑本身的规模、形体、工程艺术恰恰是民族文化兴衰的一面镜子。一个国家，一个民族的建筑，将最准确地反应这个国家、民族物质精神继往开来的面貌。

——梁思成

◈ 中国建筑之个性乃即我民族之性格，即我艺术及思想特殊之一部，非但在其结构本身之材质方法而已。

——摘自梁思成的《中国建筑史》

✽ 在完整的建筑群中新修和扩建，有时并不一定要表现你设计的那个个体，而要着眼于群体的协调。

——中国科学院院士、著名建筑设计大师杨廷宝

◈ 设计纪念性建筑，可以是古典的比例（中、西方），现代的手法。

◈ 建筑这门学科为人们的生活、工作创造着空间与良好的环境，不断地满足人类日益增长的物质功能和精神功能的需要。

◈ 建筑设计是为人民的生产、生活服务，绝不是我们画几张图就能够解决问题的。

◈ 建筑应以人为本，建筑设计应服务于人，服务于社会，而非建筑师个人表现的工具。

——杨廷宝（摘自《现实主义建筑创作路线的典范——杨廷宝建筑创作思想探讨》）

✽ 繁荣的建筑市场中的设计竞赛，广义地看，是科学技术与经济实力的竞争，也是地域文化的竞争。

✽ 如果我们在研究中能结合建筑与城市设计创作实践，以审美的意识来发掘具有用的题材，借题发挥，当能另辟蹊径，用以丰富其文化内涵。

✽ 科学和艺术在建筑上应是统一的，21 世纪建筑需要科学地拓展，也需要寄托于艺术的创造。艺术的追求是无止境的，高低之分、文野之分、功力之深浅等一经比较就立即显现。

✽ 建筑与规划研究不仅要追溯过去，还要面向未来，特别要从纷繁的当代社会现象中尝试予以理论诠释，并预测未来。因为我们研究世界的目的不仅在于解释世界，更重要的是改造世界，对建筑文化探讨的基本任务亦在于此。

——摘自吴良镛的《中国建筑文化的研究与创造》

◈ 建筑是"人"的建筑，是人居环境的建筑，说到底还是"人"最重要。

——摘自吴良镛在"吴良镛教育基金"成立仪式上的讲话

❖ 美好的建筑环境与美好的社会同时缔造。

❖ 我豪情满怀地目睹祖国半个多世纪的进步，每每扪心自问：我们将把一个什么样的世界交给我们的子孙后代？这不仅仅是将什么样的物质环境、城市与建筑、园林作品等交留给子孙，还要（也许更为重要）将百年来乃至几千年以来，从赫赫有名的建筑师到默默无闻的工匠为人类造福的理想、为广大人民改善生活减轻疾苦的精神流传给后代，将建筑事业中成功经验与失败的教训留给他们参考。

——摘自吴良镛在国际建协第20届建筑大会上所做的主旨报告

◈ 发挥各地区建筑文化的独创性，继往开来，融合创新，建设富有健康、积极、浓厚的文化内涵的居住地域。

◈ 建筑学要融合环境、技术理念的发展，从单幢建筑物的设计走向建筑群落的规划与设计。

——摘自吴良镛的《人居环境科学导论》

❖ 读万卷书，行万里路，拜万人师，谋万人居。

❖ 只有结合一个地区的历史、社会、人文背景，用自己的理解与语言、用现代的材料技术，才能设计出有地方特色的现代建筑。

❖ 建筑师仍要认真研究城市环境，这个环境不只是人工环境，也不只是自然环境，应当包括历史环境、社会环境，乃至政治环境。

❖ 今天所盖的房子数量特多，规模很大，所以现在不是盖房子，现在是在盖城市，必须具备城市设计的观念。

——吴良镛

◈ 我们研究建筑，要从房间—房屋—邻里—市镇等等各种物质构成的大小不一的空间中，看到人群，看到人的需要，觉察人们的思想、活动、喜怒哀乐的心理变化，看到即使是同一个人，各时间的需要不一，有时需要热闹、交往、流动，有时却又要安宁、私密、静态，因此，为他们服务的这一切物质设计都要做到“綮乎隐隐，各得其所”。

——摘自吴良镛的《建筑·城市·人居环境》

❁ 一副巨大的“镶嵌”图案，其构成是需要把一块块石子精心点缀、赓续完成的。特别是一些重点建筑物，它对城市风貌及特色的形成起着重大作用，它可以强化原有的特色，或者构成新的特色，倘若处理不好也可能破坏城市的特色。

——摘自吴良镛的《广义建筑学》

◈ 在建设中不要一味地追求高楼大厦，21 世纪的建筑是走向人与自然的和谐，不要认为高楼大厦、冲天的烟囱就是发展，就是现代化。现在那些被认为是“二等舶来品”的高楼大厦已经在不少城市破坏了山的轮廓，自然的风貌，令人腻味。

◈ 我们各地要追求自己的风格，自己的设计，借鉴传统，发展未来。一组组建筑要像从这里的土地上茁壮长出来的，成功的城市建设要与这里的山岩、溪流、草地、树木、云天交织在一起，把迪庆香格里拉理想城建设好。

——摘自吴良镛的《吴良镛学术文化随笔》

❁ 建筑既是科学，又是艺术，这是它的本质内涵、表现手段与形式所决定的，优秀的建筑史是科学与艺术相结合的奇葩。

❁ 人居环境的灵魂即在于它能够启动人们的心灵，在客观的物质世界里创造更加深邃的精神世界。

❁ 我们在建设人居环境时，更要利用多种多样的新技术，作为艺术手段，探索新形式，表达新内容，使得我们的生活环境更加丰富多彩。

❁ “为人生而艺术”必随社会生活发展永无止境，日益宽扩。从人居环境科学的角度看，不仅专业内容在扩大，交叉愈错综，如建筑、园林、规划“三位一体”

的核心作用，与其他众多学科交叉，予以综合集成，在更宽阔的领域里展现美的创造。

❖ 希望重大的决策要有科学和艺术规律作基础，进行反复、认真的讨论，而不要急于求成。问题是现实建设的洪流又不能让你慢腾腾地去做，这就更要求不能当它为一般的技术门类，要重视、尊重、发扬这门“复杂性科学”和与人们生活息息相关、无所不在的“大艺术”。

——摘自吴良镛2001年6月在清华大学“艺术与科学”国际学术讨论会上的讲话

◈ 中国的古典园林，也像中国古典建筑一样，由于特定的社会条件、历史条件和文化条件，在长期的发展过程中自成体系，形成了独特的、与西方很不相同的思路和风格。

——中国科学院院士、原城乡建设环境保护部副部长戴念慈

❖ 一个好的建筑应有自己的风格，应反映地区的属性，具有新文化的特质和内涵，而不是猎奇或简单的拿来主义。

❖ 建筑既融汇了人类的文化，也是历史的见证。不同地区的文化、历史发展的差异，造成了建筑上的差别，形成不同地区的建筑风格。

——摘自齐康在深圳“中国科学院院士系列讲座”上的报告

◈ 建筑必须为人服务，以人为本，这一观念必须贯彻到规划和建设的每一步中，因为一个建筑万一建起来了，想把它拆除或炸掉就不是那么简单的事情了。因而，建筑师或者说城市建设者必须研究一个城市的自然特点和人文特点，建设有情感的城市。

——齐康（摘自《齐康：建有情感的城市　住有记忆的城市》）

❖ 建筑风格是城市的属性，现在很多地方将模仿作为城市建设的一种推动力，

从而失去了自己的特色。在地区建筑文化的研究上，要做到传承、转化、创新相结合，要有整合和整体的思想，这样才能取得建筑风格的统一。

——摘自齐康在“首届江苏城市发展论坛”上的学术报告

◈ 建筑完成后不可能推倒重来，为了减少遗憾，在动手设计时，一定要考虑周详。

——摘自齐康的《建筑家的中国心》

✿ 新的风格来自山水自然，来自民居采风，来自历史寓意的物化，来自功能的需求，将人文、自然结合，一种再造的自然，形成时代气息与浓郁的乡土风格相结合的地方建筑。

——摘自齐康的《齐康建筑设计作品系列——武夷风采》

◈ 建筑本身可能没有什么真正的意义，但是一旦成为一种文化的载体，自身就被赋予了很大的文化内涵了。

——彭一刚（摘自《时代的抉择：彭一刚院士谈对国家大剧院的看法》）

✿ 要走向世界必须推出独树一帜的建筑作品和建筑理论，我想这“独树一帜”就应该体现在民族性上。

——彭一刚（摘自《世界华人建筑师协会名誉理事、中科院院士、天津大学建筑系教授彭一刚：别太性急》）

◈ 真正超前的东西应当是有生命力的，它理应预示着未来发展的一种趋势和方向。而抄袭、模仿，即使把国外流行的东西一招一式都学得惟妙惟肖，也许从表面上看貌似超前，但若不能植根于自己的土壤，时隔不久便会自行枯萎。一种富有生命力的超前行为必然是在学习别人先进思想、观念的同时，还要对本土的文化渊源作深入地发掘，只有把引进外来的东西与本国的实际紧密地相结合，方可创造出一种既具有活力又富有地域特色的新东西来。

——摘自彭一刚的《创意与表现》

✽ 大凡成功的建筑设计创作对人们都不仅能供之以用，还能动之以情。

——张锦秋

◈ 建筑的最终发展方向是与周围的自然环境协调，与一个民族的文化协调。建筑绝不应该是一个冰凉生硬的东西，它要有文化底蕴，有人文气氛的支持。失去了人性因素，建筑将仅仅是材料的堆砌。而人在选择建造居所时，是不能没有感情因素的。

◈ 学习西方建筑风格并没有错误，但不能迷失本性，中国古典建筑的精华不能丢，因为这些是我们民族的精神所在。

——中国工程院院士、著名建筑学家关肇邺（摘自《关肇邺：建筑岂能无魂》）

✽ 我们没有什么惊人的超前意识，也不奢谈什么主义。我们的设计思想仍立足于中国大地，立足于现实及约略领先的可行性。

✽ 我们要学习国外的先进经验和理论，消化后为我所用。我们决不盲目搬用，决不为其所迷，所缚，所俘。

✽ 我们尽可能充分利用国内现有的物质技术条件，尽力赋予建筑新的形态和内涵。

✽ 我们不搞矫揉造作，力争求实和表里如一。

✽ 前人的设计手法和经验固然值得珍重，但我们宁愿艰辛地去摸索新路。我们不想遵循陈规，“反其道而行之”是我们的尝试方向。“反”中自有新天地，自有“不落窠臼”的依据。但我们仍立足于技术的可行性和合理性，一定的经济性和功能上的适用性。

✽ 我们一贯探求建筑的和谐、完整和统一的美，为此，我们还要不断努力去提高我们的素养。我们除寻求建筑本身的和谐统一，也力求其与环境事物的和谐统一，尽量使建筑与环境相得益彰。我们所能采用的物质技术条件是有限的，但环境所提供的素材和信息却极其丰富，由环境所衍生的建筑是有机的和富有生命力的，我们不奢望支配大自然，而是首先去顺应它，进而使大自然为我们所用。

——摘自钟训正的《顺其自然，不落窠臼》

◈ 对我们这样的国家，不必去和纽约、伦敦、巴黎看齐，把中国自己的问题解决好了就是世界水准！就像袁隆平解决了这么多人口的吃饭问题，中国有这么多千万人以上的大城市，在能源、资源、土地这么紧缺的情况下，把环境、住房、交通问题解决了，宜居了，就是世界水准。

◈ 建筑学同其他科学技术一样，只有在和各国的交流过程中才能丰富发展、更具生命力。但是，建筑比单纯的科学技术更复杂，因为它本身又是一个文化的载体，是时代的表现，体现了一个时代的价值观、美学取向和时代追求。

◈ 外国人虽然有很好的理念，但是否适合中国的国情？比如我们请国外规划专家来进行城市规划，解决中国的问题，但他们不可能有规划一个13亿人口的国家的大中城市应该如何发展的经验。最了解中国国情的还是我们自己。

◈ 盖房子的过程就是让设计师从理想主义者转变为现实主义者的过程。

——中国工程院院士、著名建筑大师马国馨（摘自《马国馨："解决好中国自己的问题就是世界水准"》）

✽ 面向未来的、适宜中国人的建筑和生活空间，首先要符合国情，符合老百姓的经济水准，使用方便。好用又好看最理想，如果不可兼得，应首先保证好用。

——马国馨（摘自《中国工程院院士马国馨：面向未来营造中国住宅》）

◈ 中国建筑洋风很盛，都是忙于跟国际接轨，忙于把硬实力提高。硬实力提高是有目共睹的，这是应该的，也是取得了巨大成绩，不容易。可是我们的软实力也应该跟它同步。建筑文化应当多样性发展，这样世界才是丰富的，不然太单调了、太寂寞了！

◈ 建筑跟城市从来都是人们思想的外化、物化，有多少不同的思想，有多少不同的精神，就会物化为多少不同的建筑体型、城市景观等。

◈ 建筑不仅是能够使用的房子，还要有一定的艺术性，能表达一定的精神含义的房子，是一种与人们生活最有密切关系的一种艺术。

◈ 建筑除了反映高科技的时代精神，还要彰显一个民族在文化上的历史连续性。

——李道增（摘自《工程院李道增院士漫谈建筑与文化（实录）》）

✽ 建筑代表着人们对环境，对未来的认识和理想，建筑反映国家、民族和城市的价值观。建筑是历史的里程碑，代表着进步和繁荣。

✽ 每座城市都有属于自己的独特的建筑，这是城市创造力和城市精神的表现。在更深的层次上看，城市建筑体现了城市和社会的理想、信仰、制度、伦理和价值观。

✽ 建筑是人的反映，建筑是社会的反映，有什么样的人，什么样的社会，就会有什么样的建筑，什么样的城市。

✽ 建筑体现了国家的意识形态，社会制度，城市的性质，政府的机构、政策和管理，建筑也是我们对生活与工作的伦理和态度的产物。

✽ 人们在建筑中生活，寄托着希望和理想，用建筑提升城市的品位，满足社会生活的需要。历史建筑见证了城市和社会的发展，如果没有历史上留存下来的城市和建筑，历史就不会如此栩栩如生。

——摘自郑时龄的《理性地规划和建设理想城市》

◈ 城市中的建筑必然要考虑与城市环境的关系，城市是建筑的延伸，建筑是城市的组成成分。城市与建筑互相依存，城市是“巨大的人造物”，是一种能在时代中成长的大规模而又复杂的工程或是建筑。另一方面城市建筑又是城市整体中的一个局部，由城市建筑而形成具体的、有特性的城市。

——摘自郑时龄的《全球化与中国城市之路》

❖ 建筑史上的每一次创造都是做前人没有做过的事，都是一种试验。但是这些都是理性的实验，不是幻想，更不是空中楼阁。而且永远都有一个技术经济方面的问题，不仅仅是技术或艺术问题。

❖ 我们应当促进思想上的实验，提倡实验性建筑的先锋性，努力创造具有世界性批判意义的优秀建筑。

❖ 建筑的实验包括理论的探讨和方案的探讨，应当先想明白了再做，意在笔先，进行的是理性的实验，是有目标的试验，是理论指导下的试验。

❖ 建筑构成城市的形态环境和功能结构，有什么样的城市，就会有什么样的建筑。

——摘自郑时龄的《全球化影响下的中国建筑》

◈ 建筑没有绝对最好的，只有相对适宜的。

——中国工程院院士、著名建筑大师何镜堂（摘自《世博会中国馆总设计师何镜堂：向世界展示中华智慧》）

❖ 艺术是相通的甚至是相互融合的，优秀的建筑作品常常是兼收并蓄的。

❖ 地域是建筑赖以生存的根基，文化是建筑的内涵和品位，时代性体现建筑的精神和发展。三者是相辅相成，不可分割的。

——何镜堂（摘自《院士何镜堂：建筑是可以让人感动的》）

◈ 建筑群体采取灵活多样的布局形式，将建设对基地环境的破坏降至最低，尽量杜绝资源和建材的浪费。

◈ 在建筑与城市设计中怎样积极面对全球化趋势，保存中国地域文化特色，使现代建筑地域化、地区建筑现代化就成为迫切需要我国建筑设计人员探讨和实践的方面。

——摘自何镜堂的《"和谐社会"下建筑与城市设计的几点探讨》

❖ 我有两只手，一只要紧握世界上先进的事物，使不落后，另一只要紧紧抓住自己土地上生长的、正确的、有生命力的东西，使能有根，抓住机会或创造条件，使两只手上的精华结合起来，有可能出现好的作品。

——中国工程院院士、著名建筑大师戴复东

◈ 现代建筑的主要任务是为人们创造合宜的生活空间，应强调的是内容而不是形式；不是着眼于孤立的建筑，而是追求建成环境的连续性，即建筑、城市、园林绿化的统一。

◈ 新的城市化概念追求的是建成环境的连续性，意即每一座建筑物不再是孤立的，而是一个连续统一体中的一个单元而已，它需要同其他单元进行对话，从而完整其自身的形象。

◈ 只有当一个建筑设计能与人民的习惯、风格自然地融合在一起的时候，这个建筑设计才能对文化产生最大的影响。

——摘自《马丘比丘宪章》

❖ 建筑学的发展是综合利用多种要素以满足人类住区需要的完整现象。

❖ 走可持续发展之路是以新的观念对待21世纪建筑学的发展，这将带来又一个新的建筑运动，包括建筑科学技术的进步和艺术的创造等。

❖ 对建筑学有一个广义的、整合的定义是新世纪建筑学发展的关键。

❖ 强调综合，并在综合的前提下予以新的创造，是建筑学的核心观念。

❖ 回归基本原理宜从关系建筑发展的若干基本问题、不同侧面，例如聚居、地区、文化、科技、经济、艺术、政策法规、业务、教育、方法论等，分别探讨；以此为出发点，着眼于汇"时间—空间—人间"为一体，有意识地探索建筑若干方面的科学时空观：

——从“建筑天地”走向“大千世界”（建筑的人文时空观）

——“建筑是地区的建筑”（建筑的地理时空观）

——“提高系统生产力，发挥建筑在发展经济中的作用”（建筑的技术经济时空观）

——“发扬文化自尊，重视文化建设”（建筑的文化时空观）

——“创造美好宜人的生活环境”（建筑的艺术时空观）

❖ 建筑学的任务就是综合社会的、经济的、技术的因素，为人的发展创造三维形式和合适的空间。

❖ 广义建筑学，就其学科内涵来说，是通过城市设计的核心作用，从观念上和理论基础上把建筑学、地景学、城市规划学的要点整合为一。

❖ 现代建筑的地区化，乡土建筑的现代化，殊途同归，推动世界和地区的进步与丰富多彩。

❖ 我们要用群体的观念、城市的观念看建筑：从单个建筑到建筑群的规划建设，到城市与乡村规划的结合、融合，以至区域的协调发展，都应当成为建筑学考虑的基本点，在成长中随时追求建筑环境的相对整体性及其与自然的结合。

❖ 今天需要提倡“一切造型艺术的最终目的是完整的建筑”，向着新建筑以及作为它不可分割的组成部分—雕塑、绘画、工艺、手工劳动重新统一的目标而努力。

❖ 设计的基本哲理是共通的，形式的变化是无穷的。

❖ 建筑学是为人民服务的科学，要提高社会对建筑的共识和参与，共同保护与创造美好的生活与工作环境。

❖ 新的建筑学将驾驭一个比如今单体建筑物更加综合的范围：我们将逐步地把个别的技术进步结合到一个更为宽广、更为深远的作为一个有机整体的设计概念中去。

❖ 要让新世纪建筑学百川归海，就必须把现有的闪光片片、思绪万千的思想与成就去粗存精、去伪存真地整合起来，回归基本的理论，从事更伟大的创造，这是 21 世纪建筑学发展的共同追求。

❖ 区域差异客观存在，对于不同的地区和国家，建筑学的发展必须探求适合自身条件的蹊径，即所谓的“殊途”。只有这样，人类才能真正地共生、可持续发展。

❖ 建立人居环境循环体系，将新建筑与城镇住区的构思、设计纳入一个动态的、生生不息的循环体系之中，以不断提高环境质量。

❖ 建筑学与大千世界的辩证关系，归根到底，集中于建筑的空间与形式的创造。

❖ 全球化和多元化是一体之两面，随着全球各文化——包括物质的层面与精神的层面——之间同质性的增加，对差异的坚持可能也会相对增加，建筑学问题和发展植根于本国、本区域的土壤，必须结合自身的实际情况，发现问题的本质，从而提出相应的解决办法：以此为基础，吸取外来文化的精华，并加以整合，最终建立一个“和而不同”的人类社会。

❖ 只有把技术功能主义的内涵加以扩展，使其甚至覆盖心理领域，它才有可能是正确的。这是实现建筑人性化的唯一途径。

——摘自《北京宪章》

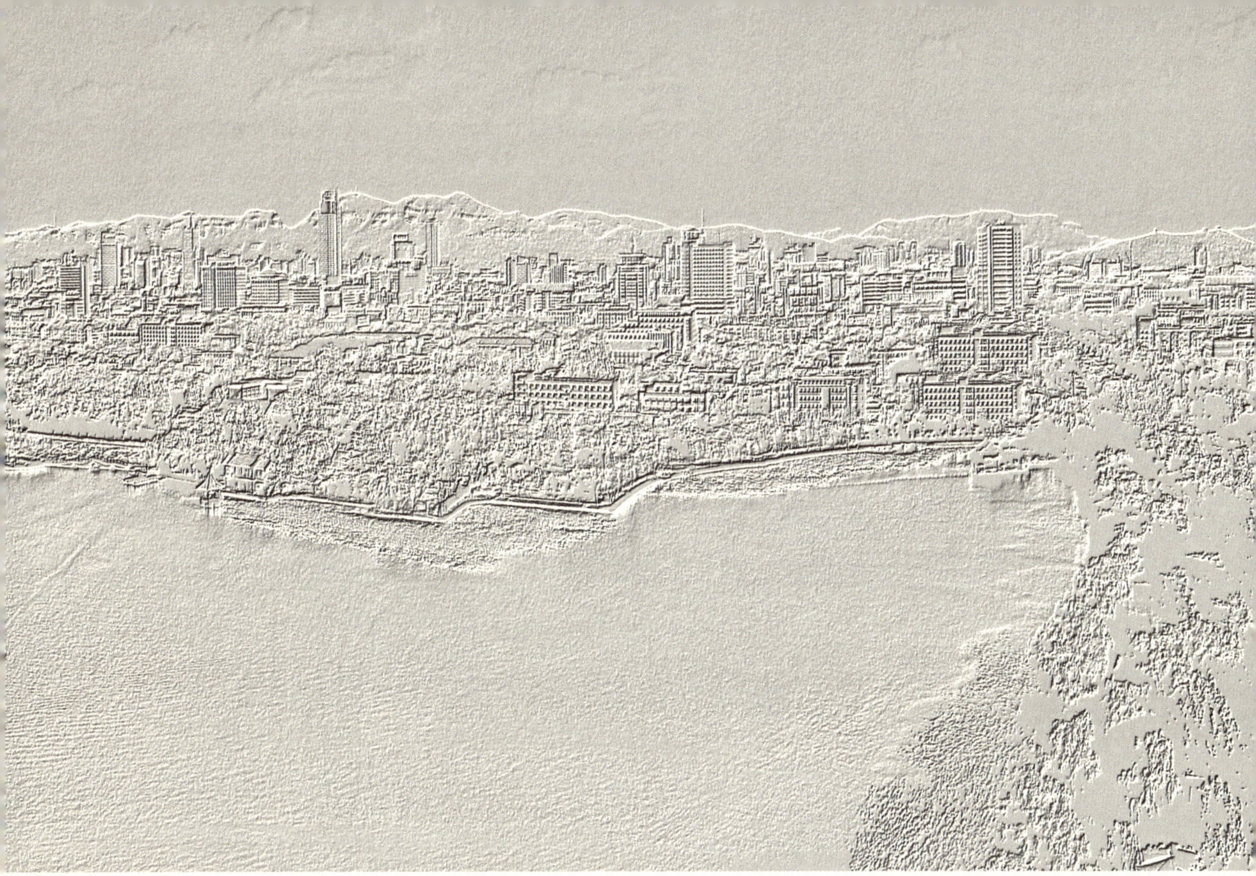

城市设计

◈ 城市设计是三维的空间组织艺术，基本上是一个建筑问题。

◈ 对城镇规划的肤浅理解和对整个城市问题进行全面的考虑，这是两种不同的工作方式，二者之间必须划分一条明确的界限，一方面是二维的城镇平面规划；另一方面是三维的城镇空间建筑。

——摘自伊利尔·沙里宁的《城市：它的发展、衰败和未来》

表面上这个旧城市看似缺乏秩序，其实一切运作顺畅，在它背后有一种神奇的秩序在维持着街道的安全和自由。

——摘自简·雅各布斯的《美国大城市的死与生》

◈ 城市设计是一门创造使用可能性、管理、聚落形态、聚落特征的艺术。城市设计处理时间、空间上的模式，这些模式和人类日常生活中的经验有着同样重要的意义。

◈ 真正的城市设计不会是在一块白地上开始的，也不能预见要完成的作品。更恰当的概念应该是，把城市设计看作是一个过程、原型、准则、动机、控制的综合、并试图用广泛的、可改变的步骤达到具体的、详细的目标。

◈ 城市设计是一门几乎未开发的艺术，一种新的设计方式和新的看待问题的观念。

◈ 城市中移动的元素，尤其是人类及其活动，与静止的物质元素是同等重要的。在场景中我们不是简单的观察者，与其他参与者一起，我们也成为场景的组成部分。

◈ 提高城市环境的可意象性就是使它在形式上更易于识别和组织，道路、边界、标志物、节点和区域是在城市尺度内创造坚实、独特结构的组成实体。

——摘自凯文·林奇的《城市意象》

✽ 地标是指城市中重要地区之单一独特的主型体，其存在得以让观察者，包括市民与外来观光客，极易在短时间内辨认，其存在有助于自一定距离外观之。

——凯文·林奇

◈ 好的城市设计能在城市的自然形态方面产生一种逻辑和内聚力，一种对赋予城市及其他地区以性格的突出性的尊重。

◈ 空间系统的建立可能与过去存在的纪念物或建筑有着精神上的联系，用能量的渠道或力线把这些点连接起来的理念，不仅可以创造出自然形态美学设计的统一体，而且还可以在各种独立功能分布杂乱无章的情况下形成一种结构关系。

◈ 不需要对一个地区的每一平方尺都设计其细部方能得到一件伟大的作品。

——摘自埃德蒙·N·培根的《城市设计》

✽ 应该用一种大得多的折中主义风格来研究乡土传统、地方历史，研究从盛大集会到亲密关系再到大的场面的专有的空间设计。

——摘自美国学者波林·罗斯诺的《后现代主义与社会科学》

◈ 形式含有系统间的和谐，是一种秩序的感受，也是一事物有别于其他事物的特征所在。

——路易斯·康

❉ 从广义上讲，城市设计包括城市中单个物体的设计，即建筑设计，但必须强调，城市设计的最基本特征是将不同的物体进行联合，使之成为一个新的设计；设计者不仅必须考虑物体本身的设计，还要考虑与其他物体之间的联系。以此可以看出，建筑设计侧重于单体，城市设计侧重于群体，但不是各单体简单的罗列。

——摘自F·吉伯德的《市镇设计》

◈ 对城市及地区规划的大尺度、小区规划的中等尺度直到最小尺度上的探讨都是联系在一起的。如果宏观层次上的决策不能为功能完善、使用方便的公共空间创造先决条件，在较小尺度的工作上就成了空中楼阁。这种关系是非常重要的，因为在所有场合中，小的尺度，即周围直接的环境，正是人们相会的地方及评价各个规划层次的决策的参考点。

◈ 为了在城市和建筑群中获得高质量的空间，就必须深入研究每一个细节，但是，只有各个规划层次都为此创造条件，才能获得成功。

◈ 城市设计要从物质、心理和社会诸方面，最大限度地创造优越条件，满足人们更深层次的精神需求，从而增强城市居民心理上的愉悦感和地区认同感。

——摘自丹麦著名城市设计师扬·盖尔的《交往与空间》

❉ 哥本哈根的故事包含两点：以温和的手段控制交通；整治街道并创造高质量的公共使用的空间。

——摘自扬·盖尔的《公共空间·公共生活》

◈ 设计是一项复杂的任务。它是满足技术、社会、经济和生物需求，融合材质、形状、色彩、容量和空间的心理效应的综合产物，要以联系的观点来思考。

——匈牙利著名建筑大师拉斯洛·莫霍伊·纳吉

❁ 创建城市整体性的任务必须作为一个过程来处理，不能单独靠设计解决。

——C·亚历山大

◈ 空间属于一种美学范畴。

——美国著名规划学者大卫·哈维

❁ 从经济学上讲，人的尺度意味着可以支持个体户和地方企业运行的尺度。从社区讲，人的尺度意味着以街区为中心和一个鼓励日常交流的氛围。

——摘自彼得·卡尔索普的《区域城市——终结蔓延的规划》

◈ 城市设计是一种综合的专业领域，我们要求的是走向人居环境规划城市设计观，即在规划设计管理中，对区域—城市—社区—建筑空间的发展予以"协调控制"保证，使人居环境在生态、生活、文化、美学等方面，都能具有良好的质量和体形秩序。

——摘自吴良镛的《人居环境科学导论》

❁ 规划设计好比大师意匠手笔，不要太急，要高层次研究。

——吴良镛

◈ "以人为核心"的现代城市设计理念，要求所创造的城市物质空间环境应该是：环境宜人—受人喜爱；为人所用—内齐引人；人的尺度—亲切近人；人在其中—人景交融。

——邹德慈

❁ 要通过城市设计的方法，建构宜人的城市物质空间和场所，体现以人为本思想和城市的特色。

——摘自中国城市规划学会成立50周年庆典大会发布的《中国城市规划广州宣言》

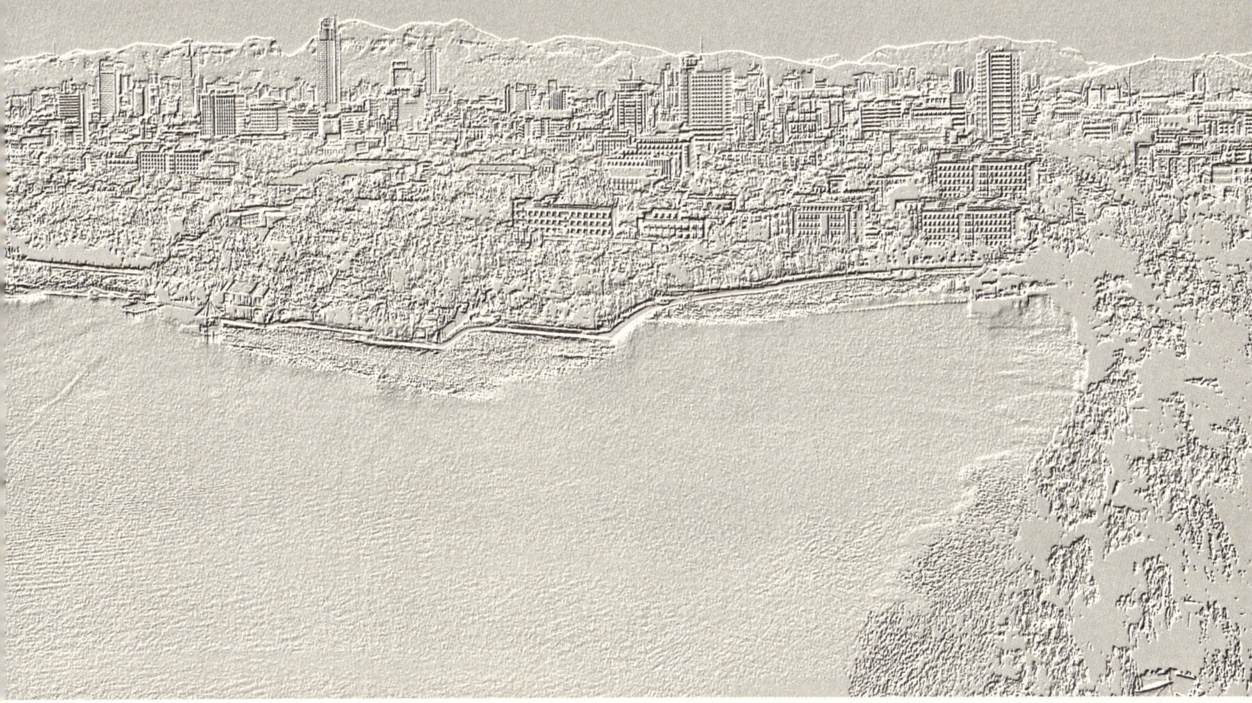

规划师

◈ 规划师在规划时要将人视为动物，通过为他建设住宅、邻里和城镇来教育他什么是完整与和谐，这样当他长大成年后，可以将世界视为一个整体进行管理。

——摘自刘易斯·芒福德在访问英国时的发言

❖ 建筑设计师的激情可以从顽石中创造出奇迹。

❖ 我们不再是艺术家，而是深入这个时代的观察者。虽然我们过去的时代也是高贵、美好而富有价值的，但是我们应该一如既往地做到更好，那也是我的信仰。

❖ 对建筑艺术家来说，建筑设计中老的经典已经被推翻，如果要与过去挑战，我们应该认识到，历史上的过往样式对我们来说已经不复存在，一个属于我们自己时代的新的设计样式已经兴起，这就是革命。

——勒·柯布西耶

◈ 当城市设计者和规划者试图找到可以用一种简单清晰的方式表达城市的基本（高速公路和林荫散步道是目前这种企图的拿手好戏）的设计方案时，他们其实走上了一条完全错误的道路。

——摘自简·雅各布斯的《美国大城市的死与生》

❖ 我们可以说，景观设计师的终生目标和工作就是帮助人类，使人、建筑物、社区、城市以及他们的生活——同生活的地球和谐相关。

——摘自约翰·西蒙兹的《风景园林学：人类自然环境的形成》

◈ 规划人员再也不能在中立性里寻求庇护，实事求是的中立性是属于那些完全不带个人色彩的科学家。

——诺顿·朗

❖ 规划人员必须是高效率的沟通者和谈判者。

❖ 规划人员必须参与同实力强大的开发商谈判，他们有责任积极保护各个公众群体的利益，包括弱势群体或被边缘化的群体。

❖ 通过选择是关注还是忽略运用规划过程中的政治力量，规划师能使规划过程具有的民主色彩更多或者更少、技术统治更多或者更少、被当前的弄权者主导更多或者更少。

❖ 规划师的行为不仅需要符合某些公众可能掌握的事实，而且也需要符合这些公众的信任和期望。

——摘自约翰·福里斯特的《面临强权的规划》

◈ 规划师应代表城市贫民和弱势群体，应首先解决城市贫民窟和城市衰败地区，要走向民间和不同的居民组群沟通，为他们服务。

——摘自保罗·达维多夫的《规划中的倡导与多元主义》

◈ 规划人员必须学会与冲突共存……并利用冲突的力量促进建设性活动。规划人员很少按自己的意愿行事；他必须讨价还价、作出妥协，学会接受失败，而不是被失败所击溃。

——摘自约翰·弗里德曼的《公共领域的规划》

◈ 有效的规划实施需要具备与他人联系、沟通和谈判技能的规划人员。

◈ 城市规划人员应当通过与市场体系合作并共事来提高实施规划和政策的有效性。

——摘自尼格尔·泰勒的《1945年后西方城市规划理论的流变》

◈ 当代建筑师的一项主要任务，是要使自己的作品不与自然环境和历史古迹发生冲突。

——前苏联著名建筑设计专家M·B·波索欣

◈ 建筑的复杂性和矛盾性，建筑师不再忍受正统现代建筑的清教徒式的道德规范胁迫。我喜欢这样的要素，它们是含混而不是“单纯”，折中而不是“整洁”，扭曲而不是“简明”，暧昧而不是“善于表达”，不连续和模棱两可而不是直接和明晰。我追求混杂的活力超过表面上的一致性，我寻求内涵的丰富而不是概念的明晰。

——摘自罗伯特·文丘里的《建筑的复杂性与矛盾性》

◈ 规划师的使命应当是献身于公共利益，并在综合性规划过程中应用原理和技术。

——美国著名规划专家斯考特

◈ 中国建筑师的当务之急，就是探索一种建筑形式，它既是我们有限的物力之所能及的，同时又是尊重自己文化的。

◈ 医生们可以掩埋掉他们的错误，但建筑师不得不和他们的错误生活在一起。

——贝聿铭

❖ 城市规划师是根据未来的预测调整资源的人，针对整个预算的分配、资金的运用以制定一连串的城市规划政策。牵涉到需求的决定，并与其他地区的需求取得平衡。另一方面，建筑师的工作是设计建筑，根据合理的程序使建筑得以完成，并负起整个过程的法律责任。在两个行业之间有一个实质上的中间行业，因此需要一些城市设计的专门人才，他们是设计都市而不仅是设计建筑。

——摘自巴奈特的《开放的都市设计程序》

◈ 如果编制规划的目标只有一个，那么对于规划师来说，行动路线的选择是非常简单的事情。但是，每一个规划几乎都是承担无数的目标，但却不存在一个能够最大限度包容这些目标的行动路线。

——美国知名规划专家迈埃森和班菲尔德

❖ 一名具有创造性的建筑师，就是能够通过建成的作品，建议、促进并激励更好的世界观。

——英国著名建筑师奇珀菲尔德

◈ 应该把那些研究和实践中得到的思想，不断反馈到现实的规划教育培训中，只有这样，规划职业才能够建立起集体的知识库，真正推动规划专业的进步。

◈ 规划研究和分析研究应该与规划实践相一致。

——摘自 IsoCaRP 的《千年报告》“重申 1993 年布拉格第 30 次会议的决议”

❖ 将自己的职业作为武器，去抗争，去争取自由，要相信自己，负己之责，凭借自己的力量去与社会斗争。

——安藤忠雄

◈ 政府官员与专业人士必须步调协调，高度一致，才能创造出完美的城市规划。在二者的关系中，政府需要做的是明确城市的定位，站在历史与科学的高度，组织领导规划的完成。而规划设计师责任重大，必须认识到什么样的城市才是健康美丽的。

◈ 规划师与城市以及土地应该是恋爱关系，规划师对每一寸土地，每一幢建筑甚至划下去的每一条线，都应怀有一份深深的情感，都要珍惜，要培育，都能作出负责任的解释。

◈ 一份好的城市规划方案，是一份有永续性的、对将来都有贡献的历史答卷。完成好这份答卷，学习与借鉴将是规划建筑师的终生任务。

——刘太格

✽ 通古今之变，识事理之常，谋创新之道，立世界之林。

✽ 改进体制问题的探索，既是规划工作者的社会责任和义务，也是学术理论建设的当然内容。

——摘自吴良镛为中国城市规划学会成立50周年庆典所作的学术报告

◈ 科学的价值在于不断的探索，作为城市规划专业工作者，我们尤其要自觉地总结过去的经验理论，正视现实问题，探索思想、方法，尽可能地走在前面，城市规划必须向多学科发展，在实践中逐步形成完整的体系。

◈ 科学工作者、建筑师、规划师应当面对祖国建设需要，探索立足于中国的城市建设道路，并在这探索过程中逐步确立自己对专业的追求目标，并为此奋力以赴。

——摘自吴良镛的《人居环境科学导论》

❉ 建筑师应是人民的建筑师。

——吴良镛

◈ 我觉得，现在有些建筑师和城市规划师的职业热情不太高，可能是由于某些现实工作中的挫折。但是，我认为我们不能没有理想，我们的理想就是建设“理想城”。

◈ 我们要有理想，要在不尽如人意的现实中去争取实现“理想城”的机会，为人民提供“适宜居住的城市”。

——摘自吴良镛的《大北京地区空间发展规划遐想》

❉ 建筑师需要不断分析和吸取历史上众多优秀的纪念建筑的艺术作品，取其精华，化为营养，并融会于现实作品的创作之中。

——齐康（摘自《齐康：建有情感的城市　住有记忆的城市》）

◈ 中国建筑以及中国建筑师、规划师在国际城市规划与建筑领域中面临边缘化状态。在城市规划和建筑领域，一方面应当学习国际上的先进经验，另一方面也必须应对新国际式建筑文化的冲击，保护并发展中国的城市与建筑特色。如何建立现代中国建筑的理论，设计出具有批评意义的建筑，奠定中国建筑在世界建筑史上的地位，是摆在任何一位中国建筑师和规划师面前的一项十分艰辛，又十分迫切的任务。

——摘自齐康在深圳“中国科学院院士系列讲座”上的报告

❉ 假如每个建筑师、每个花钱的人都有这个观念：不求标志性，服从整体，遵守规划，就是我们城市的幸事。

——关肇邺（摘自《留住历史的永恒追求——记中国工程院院士关肇邺》）

◈ 中国建筑师应该在和境外建筑师的合作、交流、竞争的过程中，形成整体水平的提升和超越，在创造中国现代建筑文化中承担起中国建筑师的历史责任。

——摘自马国馨的《中国建筑师的历史责任》

❖ 作为搞城市规划和建筑设计的建筑师，可从民间建筑中受到很多启发，从中吸取许多创新灵感。

❖ 从规划到建筑设计必须经过建筑师的再创造才能将某些局部手法用到当今的建筑上来，能较多吸取的无非是其空间组合上的理念、整体造型上的神韵以及细部上有特色的处理等等。

——李道增（摘自《工程院李道增院士漫谈建筑与文化（实录）》）

◈ 我们应把社会的大效益放在第一位，建筑师应以整个社会为最大业主，这应该是每一个建筑师的追求。

——何镜堂（摘自《世博会中国馆总设计师何镜堂：向世界展示中华智慧》）

❖ 对于从事城市规划的工作者，人的需要和以人为出发点的价值衡量是一切建设工作成功的关键。

——摘自《雅典宪章》

◈ 现代工程规模日益扩大，建设周期相对缩短，建筑师可以在较为广阔的范域内，从场地选择到规划设计，直至室内外空间的协调，寻求设计的答案。

◈ 作为建筑师，我们需要激情、力量和勇气，直面现实，自觉思考21世纪建筑学的角色。

◈ 在许多传统社会的城乡建设中，建筑师起着不同行业总协调人的作用。

◈ 建筑学的发展要考虑到全面的社会—政治背景，只有这样，建筑师才能“作为专业人员参与所有层次的决策”。

◈ 建筑师作为社会工作者，要扩大职业责任的视野，理解社会，忠实于人民，积极参与社会变革，努力使“住者有其屋”，包括向如贫穷者、无家可归者提供住房。职业的自由并不能降低建筑师的社会责任感。

◈ 建筑师、建筑学生首先要有高尚的道德修养和精神境界，提高环境道德与伦理，关怀社会整体利益，探讨建设良好的“人居环境”的基本战略。

◈ 建筑师作为一个协调者，其工作是统一各种与建筑物有关的形式、技术、社会和经济问题。

◈ 建筑师要追求“人本”、“质量”、“能力”和“创造”……在有限的地球资源条件下，建立一个更加美好、更加公平的人居环境。

——摘自《北京宪章》

❖ 发现和解决城市发展中的问题是我们的使命。

❖ 要倡导理论与实践并重，促进理论分析、实证研究和规划实践的结合，增强规划师对于城市发展的综合研究能力，提高规划设计方案的可操作性。

❖ 规划师要具备必要的知识面，拓展多学科的知识体系，构建符合时代发展要求的规划教育与人才培养机制。

❖ 加强规划师的职业道德教育，勇于维护科学的尊严，勇于维护公共利益，把为人民大众服务放在职业的核心位置。求真情况、讲真道理、做真规划。

❖ 我们呼吁，一切参与城乡规划工作的政府管理人员、理论工作者、专业技术人员，携起手来，团结奋进，为了发展具有中国特色的城乡规划事业，为了建设社会主义现代化家园而共同奋斗！

——摘自中国城市规划学会成立50周年庆典大会发布的《中国城市规划广州宣言》

（注：由于资料和时间所限，书中摘录内容均以摘录出处原文为依据，疏漏之处在所难免，敬请各位读者指正。）

规划感言

在多年从事城市规划的工作中，济南市规划系统广大干部职工结合自身的工作实践，对城市规划的性质、特点及作用等方面有很多感悟、体会、认识和思考，现撷取部分，与读者共勉。

◈ 作为一项重要的公共政策，规划不能被强势利益集团“绑架”，丧失应有的公正“内核”。

◈ 城乡规划是一个与时俱进、不断更新的开放体系，幻想一劳永逸地绘就万古不变的终极蓝图与试图制造永动机一样，都是不切实际的。

——徐建和

✥ 视野广阔、目光高远、实事求是、坚持真理、公道正派、严谨负责应当成为规划师的个性标签。

——于素巧

◈ 爱上这个城市是作为优秀规划师的首要条件。

——张科伟

✽ 好的城乡规划，三分在于设计，七分在于执行。

——郝　鹏

◈ 规划的过程就是博弈的过程、协调的过程、平衡的过程，维护城市整体利益和社会公共利益是城市规划亘古不变的永恒追求。

◈ 规划的政治属性本质上决定了规划的民主属性，必须让社会公众真正参与到城市规划中来，城市规划才能从政府主体转向民众主体，真正成为人民的规划。

——刘晓虹

✽ 城市让生活更美好，规划让城市更和谐。

——马交国

◈ 个性是城市魅力的源泉，正是这不同于别的个性吸引着“匆匆过客”接近城市，留在城市，进而建设城市。

——秦　杨

✽ 城市文化是历史，贯穿于城市的古往今来；城市文化是意象，显形于城市的空间物质；城市文化是细节，流露于城市的环境设施；城市文化是气息，弥散于城市的各个角落。

——周　东

◈ 历史是城市的最佳规划师，每一座城市都充满着历史的印痕。当我们规划城市的时候，一定要牢记：我们正在书写着历史。

——尹艳伟

✽ 城市公共安全是以人为本的基本要求；是经济社会发展的关键要素；是城市规划的首要工作；是政府管理的重要内容；是城市可持续发展的重要保障。

——刘金朋

◈ 没有生活阅历与感知的城市规划，是空洞、乏味、无任何意义的的规划。

——秦道刚

✽ 城市规划建设不仅要有一日千里的热情，更应具备一管千年的思维。

——梁春艳

◈ 规划师应以整个社会为最大的业主。

——高述波

✽ 城市规划设计，不是规划师所理解的理想模式的展示，而是要指导城市建设的蓝图。因此规划师的作用就是要在理想与现实、科学性与可实施性及可操作性之间找到一个平衡点，这样城市规划才能真正地在社会发展的过程中起到应有的作用。

✽ 规划作品不只是象牙塔中的展示品，而是城市建设实践的指针。

——国　芳

◈ 规划的生命力在于执行。

——郭继杰

✽ 规划工作者要像规划自己的人生一样规划我们的城市。

——韩　伟

◈ 一项完美的规划，如果没有严格的规划管理予以实施控制，则有可能变得面目全非。

——邢丽霞

✽ 城市规划不仅是确定建设什么的，更重要的是规定禁止建设什么的。

——孙明达

◈ 精品规划不是少数专家与管理者的自我标榜和自我欣赏，而必须为人民群众所接受和认可。只有深深植根于人民大众需求和情感的沃土中的规划，才真正具备成为精品规划的基础条件。

——郭　宾

✽ 规划应在硬性指标下给予设计者更多的发挥空间。

——毕晓云

◈ 规划管理者的主要精力不应只放在审批单个项目上，而应把主要精力放在提高自身的沟通、衔接、总结能力上。

——成　辉

✽ 规划不是万能的，没有规划是万万不能的。

——牛长春

◈ 城不在大，有特色则赢。

——毕静华

✽ 管理不唯上，设计不唯利。

✽ 规划工作者作为一种维护社会和谐平衡发展的力量，应该懂得坚持什么，应该站在社会弱势群体的立场多讲话，站在容易被权力意识、资本意识忽略的民意方面多讲话，把规划这支笔握在群众的手中。

——路 曈

◈ 城市艺术的气质和城市色彩规划往往能够极大地提升一个城市的总体形象及魅力，并使其具有巨大的无形资产价值。

——王国栋

◈ 良好的沟通与协调能力在日常规划管理工作中往往比条文、规定更能打动人，规划工作者的理想状态是集技术专家、沟通高手与谈判专家于一身。

——王丽娜

◈ 城市色彩规划就是通过感性思维和理性思维分析研究当地特有色彩规律和构成，在视觉美学意义上做总结，并通过在城市建设中以适当的方式体现出来这一理性过程来达到使人的视觉感受到美的目的。

——张婷婷

◈ 规划不仅要强壮城市的肌体，更要塑造城市的性格，丰富她的情感。

——宋先松

◈ 更多的人参与城市规划才能使城市处于更和谐、更合理的状态。

——王艳玲

◈ 如果说城市建筑是一幅画卷，那规划就是那支神来之笔了。

——徐海滨

◈ 昨天的规划是今天的城市，今天的规划是城市的未来。

——金达莱

规划名家简介

国外规划建筑名家

英　国

1. 现代城市规划理论的奠基人埃比尼泽·霍华德

埃比尼泽·霍华德（Ebenezer Howard，1850~1928 年），20 世纪英国著名社会活动家，城市学家，风景规划与设计师，“田园城市”之父，英国“田园城市”运动创始人。霍华德当过职员、速记员、记者，曾在美国经营农场。他了解、同情贫苦市民的生活状况，针对当时大批农民流入城市，造成城市膨胀和生活条件恶化的状况，于 1898 年出版《明日：一条通往真正改革的和平道路》一书，提出建设新型城市的方案。1902 年修订再版，更名为《明日的田园城市》。

《明日的田园城市》（Garden Cities of Tomorrow）是一本具有世界影响的书。

它曾被翻译成多种文字，流传全世界，在当今的城市规划教科书中几乎无不介绍这本名著。霍华德发起的田园城市运动也发展成世界性的运动，除了英国建设的莱奇沃思（Letchworth）和韦林（Welwyn）两座田园城市以外，在奥地利、澳大利亚、比利时、法国、德国、荷兰、波兰、俄国、西班牙和美国都建设了“田园城市”或类似称呼的示范性城市。霍华德关于解决城市问题的方案主要内容包括：一是疏散过分拥挤的城市人口，使居民返回乡村。他认为此举是一把万能钥匙，可以解决城市的各种社会问题。二是建设新型城市，即建设一种把城市生活的优点同乡村的美好环境和谐地结合起来的田园城市。三是改革土地制度，使地价的增值归开发者集体所有。

2. 英国城市研究和区域规划理论先驱格迪斯

格迪斯（Geddes Patrick，1854~1932 年），英国生物学家，社会学家，现代城市研究和区域规划的理论先驱之一。格迪斯倡导区域规划思想，认为城市与区域都是决定地点、工作与人之间，以及教育、美育与政治活动之间各种复杂的相互作用的基本结构，这些思想对大伦敦规划和美国田纳西流域规划产生影响。他主张在城市规划中应以当地居民的价值观念和意见为基础，尊重当地的历史和特点，避免大拆大建。格迪斯还视城市规划为社会变革的重要手段，运用哲学、社会学和生物学的观点，揭示城市在空间和时间发展中所存在的生物学和社会学方面的复杂关系。城市规划工作者应把城市现状和地方经济、环境发展潜力与限制条件联系在一起进行研究，再作规划。著有《进化中的城市》等书。

3. 英国著名城市规划专家阿伯克隆比

阿伯克隆比（P. Abercrombie），世界著名城市规划大师，享誉世界的“大伦敦计划”（Greater London Plan）的主持人。第一次世界大战后，西方大城市已经显现出工业革命前期城市发展中许多走投无路的困境，二战的破坏更加重了危机。二战后的欧洲，百废待兴，英国也不例外。阿伯克隆比渴望在战后废墟上建起一座新城，让新的规划摈除老伦敦人口膨胀、交通拥堵、贫民窟蜂起、失业率犯罪率居高不下等种种弊端。在“大伦敦计划”中，他实践了在世界规划界酝酿已久的城市功能“有机疏散论”，即把超负荷的城市功能疏散释放到大都市周边的小城镇及区域。“大伦敦计划”实施之后，伦敦人口从1200万下降到700多万。这一行之有效的科学理论与实践至今被世界各国仿效沿用。

4. 英国著名城市学家和规划大师彼得·霍尔

彼得·霍尔（Peter Hall），英国社会研究院院长，伦敦大学建筑与规划学院的规划教授，曾经在伦敦经济学院、雷丁大学、加州大学伯克利分校任教，是加州大学伯克利分校的城市与区域规划终身教授。在1991~1994年期间，他担任英国环境部部长的战略规划特别顾问，特别关注伦敦和东南部区域规划问题，包括东泰晤士走廊和海底隧道铁路的开发建设。在1998~1999年期间，他是副首相城市工作组成员之一。撰写或编辑了30多部有关城市和区域及相关问题的著作，其中包括《伦敦2000》、《世界城市》、《规划与城市增长：英美比较》、《城市与区域规划》、《欧洲2000》、《规划大灾难》等专著。

5. 英国著名环境设计及区域规划专家伊恩·麦克哈格

伊恩·麦克哈格（I. Mcharg），英国著名环境设计及区域规划系创始人、系主任。由于他在运用生态学原理处理人类生存环境方面作出的特殊贡献，曾多次获得荣誉，包括1972年美国建筑师学会联合专业奖章、1990年乔治·布什总统颁发的全美艺术奖章及日本城市设计奖。《设计结合自然》是麦克哈格的代表作，是一本具有里程碑意义的专著，它在很大意义上扩展了传统“规则”与“设计”的研究范围，将其提升至生态科学的高度，以丰富的资料、精辟的论断，阐述了人与自然环境之间不可侵害的依赖关系、大自然演进的规律和人类认识的深化。麦克哈格提出以生态原理进行规划操作和分析的方法，使理论与实践紧密结合。

6. 英国著名建筑师扎哈·哈迪德

扎哈·哈迪德（Zaha Hadid），先后任教于哈佛大学、伊利诺伊大学和芝加哥建筑学院，同时还担任汉堡艺术大学、俄亥俄建筑学院、纽约哥伦比亚大学等院校的客座教授。“从最早的设计图和模型，到如今的建筑物及建造中的作品，它们都以本源的一致性、强烈的个性化，为我们以往所见所体验的空间带来很大的改变。这是一项探索并表达我们所在世界的工作”。这是她获得普利茨克奖评语的一部分，此外，她被授予美国艺术文字学会荣誉会员、美国建筑学院特别会员以及2002大英帝国司令勋章爵士等称号。

美 国

1. 美国著名城市理论家刘易斯·芒福德

刘易斯·芒福德（Lewis Mumford，1895~1990年），西方近现代人本主义规划大师之一，他把城市规划和建设与社会改革联系起来，把关心人和陶冶人作为城市规划与建设的指导思想。他强调城市规划的主导思想应重视各种人文因素，从而促使欧洲的城市设计重新确定方向，他的规划思想对后来城市规划的发展起到了决定性作用。

刘易斯·芒福德撰有近千篇论文、14部专著，对城市、人工环境和历史文明进行了深入的理论探索，成为享誉世界的著名学者。他的贡献和影响超出了城市研究和城市规划领域，深入到哲学、历史、社会、文化等诸多方面。其最著名的著作是《城市发展史：起源、演变和前景》，从生物学、社会学、宗教学、政治学、经济学和文化方面描述和分析人类自身因依托了城市的进化而实现自身进化的共同成长过程。

刘易斯·芒福德最突出的理论贡献在于揭示了城市发展与文明进步、文化更新换代的联系规律，并将人本主义规划思想融入到城市规划中去，对城市的发展给予了文明的标志。

2. 美国著名建筑大师和城市学家伊利尔·沙里宁

伊利尔·沙里宁（Eliel Saarinen，1873~1950年），美籍芬兰著名建筑师，杰出的建筑理论家。1934年创办匡溪艺术学院并任院长，《形式的探索》即在匡溪完成。沙里宁是分散大城市的积极倡导者，他提出了著名的城市规划理论——有机疏散理论，他的“有机疏散”思想最早出现在1913年爱沙尼亚的大塔林市和1918年的芬兰大赫尔辛基规划方案中，而整个理论体系及原理集中体现在他1943年出版的巨著《城市：它的发展、衰败与未来》中。

伊利尔·沙里宁认为城市混乱、拥挤、恶化仅是城市危机的表象，其实质是文化的衰退和功利主义的盛行。城市作为一个有机体，其发展是一个漫长的过程，其中必然存在着两种趋向——生长与衰败。应该从重组城市功能入手，实行城市的有机疏散，才可能实现城市健康、持续生长，保持城市的活力。“有机疏散”理论把城市规划视为与城市发展相伴相随的过程，通过逐步实施“有机疏散”来消解城市矛盾的思想，是沙里宁对现代城市规划理论最杰出的贡献。

3. 美国著名城市评论家简·雅各布斯

简·雅各布斯（Jacobs Jane，1916~2006 年），出生于美国宾夕法尼亚州斯克兰顿，早年做过记者、速记员和自由撰稿人，1952 年任《建筑论坛》助理编辑。在负责报道城市重建计划的过程中，她逐渐对传统的城市规划观念发生了怀疑，并由此写作了其杰出著作《美国大城市的死与生》。此后她在有关发展的问题上扮演了积极的角色，并担任城市规划与居住政策改革的顾问。她的著作还有《城市经济学》、《分离主义的问题》、《城市与国家的财富》、《生存系统》等。

雅各布斯称得上是过去半个世纪中对美国乃至世界城市规划发展影响最大的人士之一，出版于 1961 年的《美国大城市的死与生》震撼了当时的美国规划界，成为城市研究和城市规划领域的经典名著，对当时美国有关都市复兴和城市未来的争论产生了持久而深刻的影响。作者以纽约、芝加哥等美国大城市为例，深入考察了都市结构的基本元素以及它们在城市生活中发挥功能的方式，挑战了传统的城市规划理论，使我们对城市的复杂性和城市应有的发展取向加深了理解，也为评估城市的活力提供了一个基本框架。该书的出版被视作美国城市规划转向的重要标志，很多人甚至认为正是这本书终结了 20 世纪 50 年代美国政府以铲除贫民窟和兴建高速路为特征的大规模的城市更新运动。针对雅各布斯的贡献，有人称她为“一根压倒骆驼的伟大稻草”。

4. 美国著名城市景观设计大师凯文·林奇

凯文·林奇（Kevin Lynch），任教于麻省理工学院建筑学院达 30 年之久，帮助建立了城市规划系，并将之发展成为世界上最著名的建筑学院之一。其最著名的著作是《城市意象》，以波士顿、泽西城、洛杉矶这三座城市为调研对象，通过让当地居民对相关城市进行语言描述以及画草图的方式，调查和研究了哪些城市意象给公众留下了深刻印象，并进一步就城市意象及其元素、城市形态等问题进行了总结和论述。

“路径、边界、区域、节点、标志”，林奇总结的这五个要素在城市研究领域具有较大影响，它是在大量的城市调研和理论总结的基础上提出的城市意象之要素，探讨的是城市设计的艺术。在不同的条件下，对于不同的人群，城市设计的规律有可能被倒置、打断，甚至是彻底废弃，城市的景观在城市的众多角色中，同样是人们可见、可忆、可喜的源泉，赋予城市视觉形态是一种特殊而且相当新的设计问题。

5. 美国著名社会学家罗伯特·E·帕克

罗伯特·E·帕克（Robert Ezra Park，1864~1944 年），美国社会学家，芝加哥学派的主要代表人物之一。主要著作有《社会学导论》、《城市——对都市环境研究的提议》、《人种与文化》及《人类社区，城市和人类生态学》。

帕克认为，社会学是一种研究人类行为的自然科学。他在社会学研究上有两大兴趣，即种族和城市。在种族研究中，提出了表示个人间、团体间密切程度的“社会距离”概念，并探讨“种族偏见”与“种族冲突”的关系。在城市研究中，从新闻媒介、商业活动、行政管理三个方面定义了城市，认为城市是人类文明的一种方式。他对城市的研究主要包括人口、邻里关系、职业三个方面。他根据社会成员行为上相互作用的方式，把社会发展过程分为竞争、冲突、调节、同化四个阶段。帕克对社会学的贡献还突出表现在对社会学人才的培养方面，如E·W·伯吉斯、L·沃思等著名社会学家都曾是他的学生。

6. 美国著名建筑大师弗兰克·劳埃德·赖特

弗兰克·劳埃德·赖特（Frank Lloyd Wright，1869~1959 年）是 20 世纪美国一位最重要的建筑师，赖特对现代建筑有很大的影响，但是他的建筑思想和欧洲现代建筑运动的代表人物有明显的差别，他走的是一条独特的道路。赖特的建筑风格从自然主义、有机主义、中西部草原风格、现代主义，到完全追求自己热爱的美国典范，每一个时期都对世界建筑界造成新的影响和冲击。

赖特认为功能与形式是一回事，表明了他的功能主义的立场。他认为功能与形式在设计中根本没有可能完全分开，建筑的结构、材料、方法应融为一体，合成一个为人类服务的有机整体。因此，他反复强调的有机设计其实就是指的这个综合性、功能主义的含义。他对于现代主义的最大贡献是对于传统的重新解释，对于环境因素的重视，对于现代工业化材料的强调，特别是钢筋混凝土的采用，和一系列新的技术（比如空调的采用），为以后的设计家们提供了一个探索的、非学院派和非传统的典范，他的设计方法也成为日后新探索的重要借鉴。

7. 美国著名规划大师埃德蒙·N·培根

埃德蒙·N·培根（Edmund. N. Bacon），曾师从伊里尔·沙里宁。在培根的领导下，费城以从事一个持续的修复改建计划而举世闻名。1971 年美国规划师协会针对培根先生在费城规划委员会所作出的革新与成就，授予其“杰出服务奖”。

埃德蒙·N·培根最著名的著作是《城市设计（Desing Of Cities）》，他以出色的图文综合能力，将历史实例与现代城市规划原理联系起来，生动地阐明往昔伟大的建筑师和规划师如何能够影响后继的发展，并代代相传延续下去。培根还通过介绍城市设计的历史背景，告诉我们决定一个伟大城市形态的基础性设计力和应注意的问题。其中，最引人关注的要属同时运动诸系统——即步行与车行交通、公共与私人交通的路径。培根以此作为支配性的组织力而考察了伦敦、罗马和纽约的城市运动系统。他也像对待建筑实体那样，同样强调在城市设计中公共空间的重要性，并讨论空间、色彩和透视对城市居民的影响。培根以鹿特丹、斯德哥尔摩的设计实例说明城市中心应当而且能够成为人们乐于居住、工作和休闲的所在。培根曾多次来华，呼吁保护北京古城。

8. 美国著名城市事务与规划学家约翰·M·利维

约翰·M·利维（John. M. Levy），曾任美国纽约州韦斯特切斯特县规划研究与经济开发部主任，从事过多种类型的规划工作，具有丰富的规划实践经验。从 1969~1988 年，约翰·M·利维不仅经历了西方城市发展的问题阶段，也亲身实践并探寻解决问题的方法。约翰·M·利维最著名的著作是《现代城市规划》，其规划的经济观点、社会政治观点、法律观点、综合观点，以及始终贯穿其中的一个主题——美国私人小汽车的普遍拥有对居住模式和规划工作有巨大影响的观点，均来自于规划的实践,《现代城市规划》成为美国最具影响力的城市规划导论性经典著作。

9. 美国著名建筑大师路易斯·康

路易斯·康（Louis Isadore Kahn），美国现代建筑师。他发展了建筑设计中的哲学概念，认为盲目崇拜技术和程式化设计会使建筑缺乏立面特征，主张每个建筑题目必须有特殊的约束性。他的作品坚实厚重，不表露结构功能，开创了新的流派。他在设计中成功地运用了光线的变化,是建筑设计中光影运用的开拓者。在他的有些设计作品中，他将空间区分为“服务的”和“被服务的”，把不同用途的空间性质进行解析、组合、体现秩序，突破了学院派建筑设计从轴线、空间序列和透视效果入手的陈规，对建筑师的创作灵感是一种激励启迪。其代表作品有宾夕法尼亚大学理查德医学研究中心、耶鲁大学美术馆、爱塞特图书馆、孟加拉国达卡国民议会厅、艾哈迈达巴德的印度管理学院等。著作有《建筑是富于空间想像的创造》、《建筑·寂静和光线》、《人与建筑的和谐》等。

10. 美国著名规划专家 C·亚历山大

C·亚历山大（C. Alexander），加州大学伯克利分校建筑学教授，环境结构中心负责人，是美国建筑师学会颁发的最高研究勋章获得者，一位有实践检验的建筑师和营造师。其主要著作有《建筑的永恒之道》、《建筑模式语言》、《住宅制造》、《城市设计新理论》、《俄勒冈实验》、《城市不是一棵树》等。《城市设计新理论》作为 C·亚历山大建筑与规划系列著作的第五卷，为城市问题的讨论提出了一种传统观念之外的新型理论框架。从《建筑的永恒之道》、《建筑模式语言》到《住宅制造》，亚历山大始终在试图建立一套有别于现有的建筑、营造及规划理念且完整可行的设计模式，并希望这种新的模式能逐步取代当前的观念和做法。

亚历山大的城市设计理论的核心在于紧紧抓住“什么是城市”这一基本问题，从城市形成的自然过程出发进行客观思考，而非站在图纸面前空谈设计师个人的主观概念。因此，这个设计过程不是通常的自上而下：设计概念—（决定）—建造方法—（决定）—人的使用；而是变成了自下而上：人的需要—（决定）—建造方法—（决定）—设计概念。这一理论因为尊重人的行为和城市自身应有的特征和规律而获得了生命力。

11. 美国著名建筑师路易斯·沙利文

路易斯·沙利文（Louis Sullivan，1856~1924 年），美国最有影响的建筑师之一。在他的建筑生涯中，为美国建筑史留下了许多重要的、颇具影响力的建筑，其代表作品主要有芝加哥礼堂大楼，担保大厦，卡森、皮雷与斯科特大楼等。他大胆地抛弃先辈公认的建筑惯例，创造出新颖的、来源于每个项目功能需求的设计方案，同时利用当时的材料与技术，在实施过程中形成了别具一格的装饰风格，将自然与形式融为一体。

12. 美国著名建筑大师贝聿铭

贝聿铭（Ieoh Ming Pei），美籍华人著名建筑师。作为现代主义建筑大师，他被描述为一个注重于抽象形式的建筑师，他喜好的材料只包括石材、混凝土、玻璃和钢。作为 20 世纪世界最成功的建筑师之一，贝聿铭设计了大量的划时代建筑。贝聿铭属于实践型建筑师，作品很多，论著则较少，他的工作对建筑理论的影响基本局限于其作品本身。美国的许多大城市都有贝聿铭的作品，他设计的波士顿肯尼迪图书馆，被誉为美国建筑史上最杰出的作品之一，华盛顿国家艺术馆东厅令人叹为观止，还有丹佛市的国家大气研究中心、纽约市的议会中心，也使很多人为之倾倒。费城社交山大楼的设计，使贝聿铭获得了“人民建筑师”的称号。

贝聿铭的作品不仅遍布美国，而且分布于全世界。我国北京西山有名的香山饭店也是贝聿铭的作品，它集中国古典园林建筑之大成，设计别具一格。贝聿铭还完成了法国巴黎卢佛尔宫的扩建设计，使这个拥有埃菲尔铁塔等世界建筑奇迹的国度也为之倾倒。这项工程完工后，卢佛尔宫成为世界上最大的博物馆。人们赞扬这位东方民族的设计师，说他的独到设计“征服了巴黎”。贝聿铭被称为“美国历史上前所未有的最优秀的建筑家”。1983 年，他获得了建筑界的“诺贝尔奖”——普利茨克建筑奖。

13. 美国著名景观设计大师约翰·奥姆斯比·西蒙兹

约翰·奥姆斯比·西蒙兹（John Ormsbee Simonds），曾任美国风景园林师协会主席、英国皇家设计研究院研究员等职。1953 年，西蒙兹因设计匹兹堡市梅隆广场一举成名，这个有“喷泉、鲜花、明亮色彩的都市绿洲”，被誉为现代风景园林改善城市环境的代表作。1955 年至 1967 年，西蒙兹应邀在卡内基·梅隆大学做客座教授，期间出版了《风景园林学：人类自然环境的形成》，总结了西蒙兹多年的设计与考察心得，全面论述了现代风景园林的基本理论和设计方法，成为美国现代风景园林史上具有里程碑意义的著作。

西蒙兹的设计思想是遵循自然法则，改善人居环境。分析他的作品可以发现，他所提倡的“设计遵循自然”其实包含两个方面：一是科学的角度。他发展了麦克哈格的设计理论，从生态学出发，综合多种自然学科，科学利用与保护土地。二是艺术的角度。他从东方文化对自然的态度中汲取营养，把自然看做风景园林艺术的源泉。1973 年西蒙兹获美国风景园林师协会最高荣誉奖——ASLA 奖章；1999 年，美国风景园林师协会授予他“世纪主席奖”。

14. 美国著名建筑师罗伯特·文丘里

罗伯特·文丘里（Robert Venturi），美国著名建筑师。文丘里的作品和著作与 20 世纪美国建筑设计的功能主义主流分庭抗礼，成为建筑界中非正统分子的机智而又明晰的代言人。他的著作《建筑的复杂性和矛盾性》和《向拉斯韦加斯学习》，被认为是后现代主义建筑思潮的宣言。他反对密斯·凡·德·罗的名言“少就是多”，认为“少就是光秃秃”。他认为建筑师要同群众对话，现代主义建筑语言群众不懂，而群众喜欢的建筑往往形式平凡、活泼，装饰性强，又具有隐喻性。于是过去认为是低级趣味和追求刺激的市井文化得以在学术舞台上立足。

文丘里的代表作品有费城母亲之家、费城富兰克林故居、伦敦国家美术馆、俄亥俄州奥柏林大学的艾伦美术馆、新泽西州大西洋城马尔巴罗·布朗赫姆旅馆的改建等。

15. 美国著名建筑师约翰·波特曼

约翰·波特曼（John Portman），活跃于 20 世纪后半叶的兼为房地产开发商的美国著名建筑师。波特曼不仅创造性地提出了诸如中庭空间等许多新的理念，而且成功地设计和开发了一系列建筑综合体，塑造了崭新的城市形态。他于1953年开办了自己的建筑事务所。如今，波特曼建筑设计事务所在世界各地已成功地完成了一系列工程项目，并以其新颖的设计手法和务实的作风赢得了声誉。

16. 美国著名规划学者大卫・哈维

大卫・哈维（David Harvey），当代西方地理学家中以思想见长并影响极大的一位学者。哈维的学科立足点是人文地理学，但其学术视野及思想内涵则贯通于人文社会科学的许多方面。以地理思维之长（空间观察），见人文社会之短（批判弊病），是哈维治学的主要特点，也是其学说为人关注的主要原因。因此哈维不仅仅是一位地理学家，更是一位社会理论大家，在社会学、人类学、政治经济学等方面，均有杰出声誉。作为一个地理学家，能取得如此广泛的社会人文影响力，是第二次世界大战后地理学界所罕见的。

1969年出版的《地理学的解释》一书，奠定了哈维的理论地位，使其成为地理学中实证主义的代言人物。而1973年出版的《社会公正与城市》，又标志着哈维的一个更重要的理论进展，即一种充满“社会关怀”的激进立场，该书的出版与美国社会中的批判思潮、激进思潮相呼应，很快产生超越人文地理学界的广泛影响，成为这一潮流的名著。随后，哈维又出版了《资本的限度》、《资本的城市化》与《意识与城市经验》，均着力于揭露资本主义社会中政治经济与城市地理、城市社会弊病的关联性，哈维成了激进主义地理学的一名旗手。

17. 美国建筑历史学家斯皮罗・科斯托夫

斯皮罗・科斯托夫（Spiro Kostof），加利福尼亚大学伯克利分校的建筑历史学教授，曾经在耶鲁大学、哥伦比亚大学、麻省理工学院和莱斯大学任教。他的主要著作有《城市的形成：历史进程中的城市模式》、《城市的组合》、《城市的形成》等。

《城市的形成：历史进程中的城市模式》一书探索了城市建造的普遍现象——即城市如何及为什么成为目前的样子，重点讨论了有机模式、网络、图形式城市、壮丽风格以及城市天际线等一些主题，从中解释城市模式蕴藏的秩序。《城市的组合》与《城市的形成》是姐妹篇，科斯托夫追寻着从古至今城市形态元素演进变化的踪迹，探讨了“城市的演变”，成为人们研究建筑学和社会学历史的一部必备的书籍，同时也是人们通过案例的研究揭示城市的现在和未来变化规律的一部指导性著作。

18. 美国著名规划专家柯林·罗

柯林·罗（Colin Rowe），后现代派英国建筑师和规划师。柯林·罗在美国康奈尔大学教了40年书，1995年获得英国建筑师的最高荣誉奖“伊丽莎白女王金奖”，被誉为20世纪后半期最有影响的建筑学教师，以及对“现代城市”不倦的批判者。他有关城市设计最有影响的著作有《拼贴城市》、《城市空间》、《16世纪的意大利建筑》等。很多人认为柯林·罗的建筑研究是一种以美学为基础的建筑自主性研究，他反对夸大建筑与社会、经济乃至政治意识形态的关系，主张在建筑自身的范围内认识和研究建筑问题。

1978年由美国麻省理工学院出版社首次出版发行的《拼贴城市》，是一部对建筑学和城市规划领域进行哲学式批判的著作，在建筑学与城市规划研究向后现代转向的过程中具有里程碑地位。书中提出新老形式应在城市空间中并存，强调了城市多元性的重要，再次使人们注意到城市是人类才能在历史中不断积累的结果，正是这种积累才使生活在城市中的人在任何片刻都能获得不同历史时期共存的丰富的文化感受。于是，建筑师们终于开始考虑放弃过去那些不成熟的理想主义，放弃以破坏者和创造者自居的虚妄的使命感，开始从事更人道、更现实的城市建设工作。

19. 美国著名规划专家彼得·卡尔索普

彼得·卡尔索普（Peter Calthorpe），“新城市主义”的创始人之一和“新城市规划大会”的组织者之一，一个职业城市规划与设计师。卡尔索普的著作主要有《可持续的社区：城市、郊区和城镇的新设计大全》、《下一个美国大城市——生态，社区和美国梦》和《区域城市——终结蔓延的规划》等，为我们修缮并更新正在衰亡的城市所采取的行动提供了理论基础，给我们从城市蔓延到宜居社区的发展提供了很好的指引，用实例向我们说明了为什么每一个美国大城市都应该采取一定形式的，关系到交通、住房、税收共享、更平等教育机会的区域统辖。非常巧妙地、有洞悉力地并清楚地解码了区域划分的方法，并用有说服力的实例告诉我们一个有序和谐的区域制度和规划框架，反映了社会平等和环境运动的追求。

20. 美国著名城市设计专家乔纳森·巴奈特

乔纳森·巴奈特（Jonathan Barnett），美国著名城市设计专家、教授，担任纽约市立学院都市设计课程负责人。他以其从事都市设计的丰富专业经验及其广博的建筑及规划知识，指导非营利团体、民间投资者、纽约都市开发公司、路易斯维尔、匹兹堡、盐湖城等公私机构进行都市设计工作。他精选一些成功的都市及郊区设计或开发案例，深入浅出地说明都市设计的内涵及未来的努力方向。主要著作包括《开放的都市设计程序》、《一位兼事开发者的建筑师》等。

21. 美国建筑评论家保罗·戈德伯格

保罗·戈德伯格（Paul Goldberger），美国著名建筑评论家。早在耶鲁大学读书时的1968年，他就为纽约《时代》杂志撰稿并成为该杂志最年轻的撰稿人，1972年大学毕业后即正式进入《纽约时报》社，曾任报社文化部新闻处的主任，他在《纽约时报》星期日版每周一篇的建筑评论专栏具有极大的影响力。1994年他成为文化部的主任记者，除不定期撰写一些建筑评论以外，还涉及对整个文化活动的评论。由于他在建筑和文化评论上的成就，1981年获得美国建筑师学会金奖，1984年获得普利策奖和市立艺术协会的主席金奖，1991年获得纽约建筑保护财团授予的荣誉奖。

22. 美国建筑与规划专家肯尼斯·弗兰姆普敦

肯尼斯·弗兰姆普敦（Kenneth Frampton），纽约哥伦比亚大学建筑与规划学院荣誉教授。他不但是个拥有独立创见的建筑历史学家，也是个出色的建筑师，无论在英国、以色列及美国都可看到他的作品。弗兰姆普敦除了任教美国外，也在欧洲的伦敦皇家艺术学院、苏黎世联邦理工学院及洛桑理工学院任教。弗兰姆普敦最具代表性的作品是有关20世纪建筑的著作，如《现代建筑：一部批判的历史》、《1851~1945年的现代建筑》、《构造文化研究——论19世纪和20世纪建筑中的建造诗学》、《科技与地方》、《美国著名建筑》、《心力，作品与建筑》等。

弗兰姆普敦拥有无数的奖项及荣誉学位，其中包括由美国建筑师学会颁赠的象征建筑教育终身成就的托帕斯勋章，建筑学院颁赠的金牌勋章及分别由加拿大滑铁卢大学、瑞典斯德哥尔摩皇家科技大学所颁授的荣誉博士学位。

23. 美国著名规划专家迈克尔·索斯沃斯

迈克尔·索斯沃斯（Michael Southworth），博士，加利福尼亚大学伯克利分校的城市与地区规划系和景观建筑系教授。他的研究领域包括大城市的进化形式研究；老城市、老社区和老建筑的再利用与保护规划；利用信息系统设计增强城市的教育与交流功能。他的著作包括《地图：一种栩栩如生的纵览和设计向导》、《装饰性铁制品:在美国建筑中的设计、历史及应用的图例指南》以及《波士顿 A. I. A. 指南》等。

迈克尔·索斯沃斯的主要著作《街道与城镇的形成》一书追溯了街道设计与规划的历史，批判了我们今天身处的现状，提出了关于较少受到僵化控制的、更灵活通融的、更适合当地实际情况的替换方案建议。

24. 美国著名设计师本杰明·伍德

本杰明·伍德（Benjamin Wood），国际知名建筑设计大师，美国建筑师联合会成员，波士顿 Faneuil Hall 的建筑设计师，同时也是美国 Wood+Zapata 建筑事务所总裁、总设计师。他在中国的第一个项目是主创了代表本埠风尚地标的上海新天地，这个项目曾获得城市国土研究院的 2003 卓越奖。他在中国主创设计的项目还有杭州西湖天地、重庆天地、汉口天地以及前门大栅栏商街复兴项目等。他在中国以外地区最杰出的贡献是担任芝加哥新士兵体育场的建筑师，建造仅用了 19 个月，这是创纪录的。本杰明与他的搭档卡洛斯·扎帕塔一起设计的新士兵体育场被《纽约时报》称为 2003 年 10 座最佳大厦之一。

法　国

法国著名建筑大师勒·柯布西耶

勒·柯布西耶（Le Corbusier, 1887~1965 年），一生致力于现代高层建筑的设计，留下了众多经典传世之作。1946~1957 年相继建造的“马赛公寓”体现了柯布西耶对单元型住宅的理解，这是第一个真正单元型的住宅建筑，包含了复式住宅的概念，具有划时代的革命性。而其在后期创作的“朗香教堂”，则完全是充满激情的创世之作，简直是一座让人充满想象的雕塑。为纪念这位建筑大师，在柯布西耶诞辰一百周年的时候，联合国曾以他的名义将那一年定名为“国际住房年”。柯布西耶提出的“住宅是居住的机器”道出了建筑要满足功能要求的重要性：建造一座建筑、住宅，最终目的是为了使用。柯布西耶的《走向新建筑》一书发出了民主乃至于民粹的精神号召，被称为“建筑中民主和科学的宣言”。柯布西耶倡导把他的“新建筑五原则”尽量适用于任何建筑地段和条件，使其成为通用的建筑模式。

德　国

1. 德国著名地理学家克里斯塔勒

克里斯塔勒（Christaller Walter，1893~1969 年），德国经济地理学家。他最早提出中心地理论，并在 1933 年发表了《德国南部的中心地》一书，通过对该地区的研究得出了三角形经济中心和六边形市场区分布的区位标准化理论，以后他又撰写了三部著作和三十多篇论文进一步阐述了他的中心地学说。他认为“中心地”是相对于一个区域而言的中心点，或者说是相对于散布在一个区域中的居民点而言的中心居民点。中心地思想的出现在于随着社会经济发展和产业结构的改变，原有的以点、线区位为主要内容的工业区位论，已无法解决面区位的问题。克里斯塔勒倡导以城市聚落为中心进行市场面的分析，显示了地理学的重要性。克氏理论将地理学的地域性与综合性同古典区位学说相结合，提出了市场区位论，即中心地理论。

2. 德国著名建筑大师密斯·凡·德·罗

密斯·凡·德·罗（Mies Van der Rohe，1886~1969 年），20 世纪中期世界上最著名的四位现代建筑大师之一。密斯坚持“少就是多”的建筑设计哲学，在处理手法上主张流动空间的新概念。他的设计作品中各个细部都精简到不可精简的绝对境界，不少作品结构几乎完全暴露，但是它们高贵、雅致，已使结构本身升华为建筑艺术。主要设计作品有德国柏林新国家美术馆、美国纽约西格拉姆大厦等。

意大利

1. 意大利知名建筑师阿尔多·罗西

阿尔多·罗西（Aldo Rossi，1931~1997 年），当代国际知名建筑师。他于 1966 年出版的著作《城市建筑》，将建筑与城市紧紧联系起来，提出城市是众多有意义的和被认同的事物的聚集体，它与不同时代不同地点的特定生活相关联。罗西将类型学方法用于建筑学，认为古往今来，建筑也可划分为种种具有典型性质的类型，它们各自有各自的特征。罗西还提倡相似性原则，由此扩大到城市范围，就出现了所谓“相似性城市”的主张。罗西在 20 世纪 60 年代将现象学的原理和方法用于建筑与城市，在建筑设计中倡导类型学，要求建筑师在设计中回到建筑的原形去，它的理论和运动被称为“新理性主义”。

罗西是一个多产的建筑师，在其建筑创作中爱用精确简单的几何形体，他的主要建筑作品有：卡洛·菲利斯剧院、博戈里科市政厅、卡洛·卡塔尼奥大学、林奈机场、维尔巴尼亚研究中心、佩鲁贾社区中心、多里购物中心、加拉拉特西公寓、现代艺术中心、博尼苏丹博物馆、迪斯尼办公建筑群等。

2. 意大利著名建筑师和历史学家布鲁诺·赛维

布鲁诺·赛维（Bruno Zevi），意大利罗马大学建筑历史教授，颇具影响的意大利建筑师，历史学家，批评家和政治家。它的主要著作包括《走向有机建筑》、《怎样看待建筑》、《现代建筑语言》、《现代建筑的经典历史》等。他是意大利《建筑》杂志的创刊人，是欧洲 50 年来最杰出的建筑评论家之一。他的文化背景源于三个独立的文化领域：意大利、美国和犹太。他作为一个政治家的活跃思想也见诸于他的建筑理论与实践中，他为第二次世界大战后的意大利建筑学界作出了相当大的贡献。

古罗马

古罗马著名建筑师马可·维特鲁威

马可·维特鲁威（Marcus Vitruvius Pollio），公元1世纪初一位罗马工程师。古罗马御用建筑师维特鲁威在总结了当时的建筑经验后写成《建筑十书》，共十篇。内容包括：希腊、伊特鲁里亚、罗马早期的建筑创作经验，从一般理论、建筑教育，到城市选址、选择建设地段、各种建筑物设计原理、建筑风格、柱式以及建筑施工和机械等。这是世界上遗留至今第一部完整的建筑学著作。他最早提出了建筑的三要素“实用、坚固、美观”，并且首次谈到了把人体的自然比例应用到建筑的丈量上，并总结出了人体结构的比例规律。

维特鲁威学识渊博，通晓建筑、市政、机械和军工等技术，也钻研过几何学、物理学、天文学、哲学、历史、美学、音乐等方面的知识。他先后为两代统治者恺撒和奥古斯都服务，任建筑师和工程师，因建筑著作而受到嘉奖。

希　腊

希腊著名城市规划和建筑大师道萨迪亚斯

道萨迪亚斯（C. A. Doxiadis，1913~1975年），希腊著名城市规划和建筑大师，“人类聚居学”理论创立者，主要从事城市规划和居住区规划建设的实践工作。道氏把全部精力都投入到研究和创立“人类聚居学”的理论工作中，他在“人类聚居学”中强调把包括乡村、城镇、城市等在内的所有人类住区作为一个整体，从人类住区的元素（自然、人、社会、房屋、网络）进行广义的系统研究。道氏将“人类聚居学”理论应用于许多人居项目中，这些项目覆盖了多个领域，如乡村聚落、工业聚落、公共建筑、旅游、交通通信、房地产、城市重建、新城建设等。

道氏著有20多部著作，并在希腊和西方其他国家的许多专业刊物上发表了大量的文章，同时经常应邀在美国和欧洲的许多著名大学讲学。在这些著述和演讲中，道氏以深邃的思辨力，独特的方法，系统地归纳整理了他丰富的实践经验和思想，提出了许多发人深思的理论观点，最终建立起一套比较完整的“人类聚居学”思想体系，从而使他在国际城市规划和城市科学研究领域中占有很重要的地位。

荷　兰

荷兰建筑大师雷姆·库哈斯

雷姆·库哈斯（Rem Koolhaas），荷兰著名建筑大师。1975 年他在伦敦创立了荷兰大都会建筑事务所，进行全世界各地的建筑设计与城市规划。1988 年，纽约现代艺术博物馆举办了包括库哈斯在内的“解构建筑七人展”。1995 年，库哈斯成为纽约现代艺术博物馆年度回顾展的主题，展览的题目是“雷姆·库哈斯和公共建筑空间”。2000 年 5 月，库哈斯被授予第 25 届普利茨克建筑奖。主要建筑作品包括：法国图书馆、拉维莱特公园、波尔多住宅、荷兰驻德国大使馆、纽约现代美术馆加建、西雅图图书馆、中央电视台新楼、广州歌剧院等。主要著作包括:《癫狂的纽约——一部曼哈顿的回溯性的宣言》、《小、中、大、超大（S，M，L，XL）》、《大跃进》、《哈佛购物指南》等。

墨西哥

墨西哥著名建筑师路易斯·巴拉干

路易斯·巴拉干（Luis Barragan，1902~1988 年），墨西哥 20 世纪有关庭园景观设计的著名建筑师。巴拉干以超凡的表现、充满诗意的想象力献身建筑界，他创造了花园、广场和浮现于脑海中的美丽喷泉，是一个形而上的景观，让人可以在那冥想。巴拉干设计的景观、建筑、雕塑等作品都拥有一种富含诗意的精神品质，他作品中的美来自于对生活的热爱与体验，来自于童年时在墨西哥乡村接近自然的环境中成长的梦想，来自于心灵深处对美的追求与向往。

芬　兰

芬兰著名建筑师阿尔瓦·阿尔托

阿尔瓦·阿尔托（Alvar Aalto，1898~1976 年），芬兰现代建筑师，人情化建筑理论的倡导者。其创作思想主要是探索民族化和人情化的现代建筑道路。他的设计范围很广，包括建筑、家具、玻璃器皿、珠宝等。无论是设计建筑还是规划城市，他都极力做到艺术上的和谐，人与环境的协调。阿尔托的主要作品有帕米欧结核病疗养院、维堡图书馆、玛丽亚别墅、贝克宿舍楼等。

新加坡

1. 新加坡著名规划大师刘太格

新加坡国家艺术理事会主席，新加坡大学建筑系咨询委员会主席，原城市重建局局长。刘太格是一位久负盛名的建筑设计大师，是“新加坡概念”及“居者有其屋”的主要倡导者。在他的领导下，新加坡重建局完成了新加坡概念图的调整方案，国内外都认为这是一套具有前瞻性而且切实可行的发展指导蓝图，也是一套能引导新加坡迈向一个卓越现代城市的规划方案。在中国，刘太格被山东省和其他 10 个中国大城市（包括北京市）礼聘为城市规划顾问，同时也担任北京 2008 年奥运会建筑设计评审委员会主席。1992 年他受聘于上海市陆家嘴中心地区规划及城市设计国际咨询委员会高级顾问委员会委员，1999 年担任上海经典建筑评选委员会委员。刘太格于 1976 年获新加坡政府国庆日公共管理金牌奖，1985 年再获国庆日优越服务奖章，1993 年获亚细安成就奖，被誉为新加坡的“规划之父”。

2. 新加坡著名城市规划专家朱介鸣

新加坡国立大学房地产系城市规划与管理研究组主任、教授，新加坡规划师协会会员，现在新加坡国立大学房地产系任教。主要学术专著有《The Transition of China’s Urban Development：from Plan-controlled to Market-led》、《市场经济下的中国城市规划——前所未有的挑战、理论创新的机会》等，是学术专刊《International Journal of Urban and Regional Research》区域编辑、《Journal of Planning Theory and Practice》编委、《城市规划汇刊》海外编委、《Habitat International》特邀编辑。曾受邀为世界银行、林肯土地政策研究院、麻省理工学院、加州伯克利大学、莱斯大学、纽约大学、挪威亚洲研究院、马来西亚土地和合作发展部、科威特阿拉伯规划研究院做学术演讲。

日　本

1. 日本著名建筑大师丹下健三

曾任美国麻省理工学院和哈佛大学的特邀教授，获得过众多国际荣誉。1949年，他在广岛原子弹爆炸地点原址建造和平中心的设计比赛中胜出，开始在国际上崭露头角。他强调建筑的人性化，1987年获得普利茨克建筑奖，是亚洲第一位普利茨克建筑奖得主。1964年他设计的东京奥运会主会场——代代木国立综合体育馆，被称为20世纪世界最美的建筑之一，而他本人也赢得日本当代建筑界第一人的赞誉。

丹下的建筑创作生涯长达60余载，不仅作品颇丰，在建筑教育方面的贡献也是有目共睹。他曾任美国麻省理工学院的客座教授，还在哈佛、耶鲁、加州大学伯克利分校等名校的建筑系执教。而日本的第二位普利茨克建筑奖获得者槙文彦，以及目前在日本建筑界颇具国际影响力的矶崎新、黑川纪章等人都曾师从丹下。

2. 日本著名建筑大师黑川纪章

国际知名建筑师和城市规划师。他重视日本民族文化与西方现代文化的结合，认为建筑的地方性多种多样，不同的地方性相互渗透，成为现代建筑不可缺少的内容。他提出了“灰空间”的建筑概念，一方面指色彩，另一方面指介乎于室内外的过渡空间。对于前者他提倡使用日本茶道创始人千利休阐述的“利休灰”思想，以红、蓝、黄、绿、白混合出不同倾向的灰色装饰建筑；对于后者他大量采用庭院、过廊等过渡空间，并放在重要位置上。黑川纪章的代表作品有东京规划、螺旋体城市方案、中银舱体楼、福冈银行本店、埼玉县立近代美术馆、东京瓦科尔曲町大楼等。

3. 日本著名建筑大师安藤忠雄

当今最为活跃、最具影响力的世界建筑大师之一，是一位从未接受过正统的科班教育，完全依靠本人的才华禀赋和刻苦自学成才的设计大师。在30多年的时间里，他创作了近150项国际著名的建筑作品和方案，获得了包括有建筑界“诺贝尔奖”之称的普利茨克建筑奖等在内的一系列世界建筑大奖。安藤开创了一套独特、崭新的建筑风格，以半制成的厚重混凝土和简约的几何图案，构成既巧妙又丰富的设计效果。安藤的建筑风格静谧而明朗，为传统的日本建筑设计带来划时代的启迪。他的突出贡献在于创造性地融合了东方美学与西方建筑理论，遵循以人为本的设计理念，提出“情感本位空间”的概念，注重人、建筑、自然的内在联系。安藤忠雄还是哈佛大学、哥伦比亚大学、耶鲁大学的客座教授和东京大学教授，其作品和理念已经广泛进入世界各个著名大学建筑系。

4. 日本著名建筑大师隈研吾

日本著名建筑设计师，主要作品有马头町广重美术馆、那须石头博物馆、长城脚下的公社——竹屋、“水 / 玻璃”和 1995 年威尼斯双年展“日本馆”等，并赢得了多项国内国际大奖，包括芬兰自然木造建筑精神奖、日本建筑学会东北宪章设计大奖和日本建筑学会奖（1997）等。自 2001 年在庆应义塾大学科学与技术系任教授以来，隈研吾在各种公共机构讲演，同时也致力于写作，已拥有多部畅销著作，他不仅是著名的建筑设计师，也是日本当代建筑理论的杰出讲演者。

国内规划建筑名家

1. 中国科学院学部委员（院士）、中国近现代著名建筑历史学家和规划大师梁思成

梁思成（1901~1972 年），建筑学家、建筑教育家，毕生从事中国古代建筑的研究和建筑教育事业。梁先生系统地调查、整理、研究了中国古代建筑的历史和理论，是这一学科的开拓者和奠基者。培养了大批建筑人才，以严谨、勤奋的学风著称。曾参加人民英雄纪念碑等设计，努力探索中国建筑的创作道路。提出了文物建筑保护的理论和方法，在建筑学方面贡献突出。是新中国首都城市规划工作的推动者，新中国成立以来几项重大设计方案的主持者。

梁先生先后著书数部，发表学术论文 60 多篇，共 150 多万字，现已整理成《梁思成全集》（1~10）并全部出版。他和他领导的科学研究集体因为在“中国古代建筑理论和文物建筑保护”这个领域取得的突出成就，1987 年被国家科学技术

委员会授予国家自然科学奖一等奖。同时，他的学术成就也受到国外学术界的重视，美国有专门研究梁思成生平的学者出版了他的英文专著《图像中国建筑史》，专事研究中国科学史的英国著名学者李约瑟说："梁思成是研究中国建筑历史的宗师。"

2. 中国科学院院士、中国工程院院士、著名规划大师和建筑学家吴良镛

著名建筑学与城市规划专家，清华大学建筑学院教授、建筑与城市研究所所长、人居环境科学研究中心主任。吴先生长期致力于中国城市规划设计、建筑设计、园林景观规划设计的教学、科学研究与实践工作，为培养建设人才和师资队伍作出了杰出贡献。主持数十项城市规划、城市设计和建筑设计等重大工程项目和科研课题，并多次获奖。如天安门广场扩建规划设计、国家自然科学基金"九五"项目——可持续发展的中国人居环境：基本理论与典型案例研究等，其中他主持的北京市菊儿胡同危旧房改建试点工程获1992年度亚洲建筑师协会金质奖和世界人居奖。同时他积极致力于人居环境建设的基础理论研究，创立了融贯解决人居环境问题的"广义建筑学"与"人居环境科学"，提高了我国城市规划和建筑设计的理论水平。先后出版了《中国古代城市史纲》、《广义建筑学》、《北京旧城与菊儿胡同》、《迎接新世纪的来临》、《建筑学的未来：世纪之交的凝思》、《人居环境科学导论》等著作16部，参与编撰书籍多套，发表学术文章200多篇。

吴良镛教授起草的《北京宪章》，被公认为是指导21世纪建筑发展的重要纲领性文献，标志着吴先生的广义建筑学与人居环境学说，已被全球建筑师普遍接受和推崇。吴先生在建筑与城市规划学术领域作出了杰出贡献，曾多次获得国内外嘉奖，被授予"梁思成建筑奖"。他担任过中国建筑学会、中国城市规划学会等多个学术团体的领导人，在国际学术界享有较高声望，被美、日、英等国的建筑师学会聘任为荣誉资深会员，并获法国政府颁发的法国文化艺术骑士勋章。2012年荣获国家最高科学技术奖。

3. 中国科学院学部委员（院士）、著名建筑设计大师杨廷宝

杨廷宝（1901~1982年），建筑学家、建筑教育学家、中国近现代建筑设计开

拓者之一。历任南京工学院副院长、南京建筑研究所所长、中国科学院技术科学部委员、中国建筑学会理事长、《中国大百科全书·建筑学》主编、国际建筑师协会副主席、江苏省政协副主席等职。50多年来，他完成了100多项各种类型的建筑工程设计，是中国近代建筑设计科学的创始人之一，在创造具有中国特色的建筑风格上作出了重大贡献。在设计工作中，他主张博采各家之长，兼容并蓄，勇于创新，注重因地制宜，强调符合国情，他的设计具有稳健、凝重、严谨、庄重的风格。著有《杨廷宝素描画选》、《杨廷宝建筑设计作品集》、《杨廷宝建筑言论集》。

4. 中国科学院院士、中国工程院院士、建设部原副部长周干峙

建筑学和城市规划专家，现任建设部特邀顾问、清华大学教授、博士生导师。长期从事城市规划设计和政策制定工作，建国初期，具体负责西安市总体规划和详细规划的编制，为新中国早期城市规划的编制树立了样板。此后，参加指导并组织编制了上海总体规划以及地震后的唐山市、天津市重建规划，指导编制了深圳经济特区总体规划以及其他一批城市的规划设计。著有关于城市化、城市规划、城市建设、城市交通、住宅建设、旧城改建、城市房地产以及规划设计改革等方面的多篇论文。提出了“滚动、灵活、深细、诱导”的城市规划指导思想，提高了城市规划的深度和广度，发展了城市规划理论。

5. 中国科学院院士、原城乡建设环境保护部副部长戴念慈

戴念慈（1920~1991年）建筑学家，曾任中国建筑科学研究院总建筑师、城乡建设环境保护部副部长、中国建筑学会理事长、日本建筑学会名誉会员、保加利亚建筑师学会名誉会员。他负责设计的中国美术馆、北京饭店西楼、斯里兰卡国际会议大厦、山东曲阜阙里宾舍等10项重要工程，都达到了国内建筑最高水平。他在建筑传统、建筑现代科技、住宅建设等方面提出的理论观点丰富了现代建筑创作理论，对中国建筑业发展具有指导作用。在住宅建设方面，提出了加大住房密度、节约用地等具有战略意义的思想，对国家制定相关政策和住宅建设起到了重要作用。

6. 中国科学院院士、著名规划大师和建筑学家齐康

建筑学家、建筑教育家，东南大学建筑研究所所长、教授，法国建筑科学

院外籍院士。齐康教授长期从事建筑和城市规划领域的科研、设计和教学工作，最早参与我国发达地区的城市化研究及相关的城市化与城市体系的研究，在我国首先提出了城市形态的研究及其相关的城市形态与城市设计。

他参与和主持的建筑工程设计及规划设计大小近百处，主持参加的科研项目已完成和正在进行的约有20项，发表了一系列探索当前我国建筑设计理论和方向的学术文章，对我国地区性建筑设计起到一定的引导作用。著有论文《建筑创作的社会构成》、《城市的文化特色》、《城市的形态》等近百篇，发表《城市建筑》等专著近20部。1999年被评为国家勘探设计大师(建筑)，2000年获得中国首届"梁思成建筑奖"，2004年获中国建筑学会举行的首届建筑教育奖。

7. 中国工程院院士、著名建筑大师莫伯治

建筑设计专家，原广州市城市规划局高级工程师。他在长期的建筑创作中，把岭南庄园融合于岭南建筑之中，并在实践和理论上推进岭南建筑和岭南园林的同步发展，形成自己独特的岭南建筑园林设计风格。20世纪50年代他主持的广州北园、泮溪等酒家设计曾受到梁思成大师的高度评价。70年代初主持设计的矿泉别墅把传统庭园布局与现代主义内庭相互融合，使整个别墅既有传统内涵又有现实主义风格。1980年主持的白天鹅宾馆设计，进一步把岭南庭园与现代建筑紧密结合，其独特设计风格更加升华，该项目获国家科技进步二等奖。80年代后期主持的南越王墓博物馆、岭南画派纪念馆等建筑设计，更表现了其勇于开拓、不断创新的精神。《莫伯治集》体现了其建筑创作的理论升华和丰硕成果。

8. 中国科学院院士、著名建筑大师彭一刚

建筑专家，天津大学教授、建筑学院名誉院长。长期从事建筑美学及建筑创作理论研究，在建筑美学方面，从古典建筑构图到现代建筑空间组合规律以至当代西方建筑审美变异等，都作了比较系统的研究工作；在研究西方建筑理论的同时，还对我国传统建筑文化，特别是古代造园艺术及民居、聚落等的形态、景观，运用当代空间理论及艺术心理学等科学方法进行分析研究，这些研究既渗透了古今中外的哲学、美学思想，又紧密联系我国当前的建筑创作实践，取得了重要成果。发表了《适合我国南方地区的小面积住宅方案探讨》、《螺旋发

展和风格渐近》等学术论文40余篇，在国内外建筑界产生了广泛影响；撰写的《建筑空间组合论》、《中国古典园林分析》、《创意与表现》等6部专著，获得国内外专家学者的高度评价。先后获中国建筑界最高奖项——梁思成建筑奖和中国建筑教育奖。

9. 中国工程院院士、著名建筑大师张锦秋

教授级高级建筑师，在中国建筑西北设计研究院长期从事建筑设计，主持设计了许多有影响的工程项目。由于张锦秋的早期研究课题是与绘画、文学交融的中国古典园林，她所处的创作环境是有三千余年历史的中国古都西安，多年来，她的设计思想始终坚持探索建筑传统与现代相结合，其作品具有鲜明的地域特色，并注重将规划、建筑、园林融为一体。鉴于张锦秋的学术贡献，1991年获首批“中国工程建设设计大师”称号，2001年获“梁思成建筑奖”，2004年获西安市科学技术杰出贡献奖。2010年获何梁何利基金科技最高奖项——“科学与技术成就奖”，成为何梁何利基金历史上第一位获得该奖项的女性。

10. 中国工程院院士、著名建筑学家关肇邺

建筑学家，清华大学建筑学院教授。早期受梁思成先生的指导和影响，在现代建筑和中西古典建筑的历史和理论方面有深厚基础，在设计技巧上有很高水平。近年来在探索具有时代特征、民族和地方特色的新建筑方面，取得高水平成果，撰写发表论文、译著等40余篇。在建筑设计方面，他准确把握建筑的性格特点，在平易的外形中寓以深刻的思想内涵，并极重视建筑个体与环境的结合，致力于整体的完美统一。他的许多作品获得国内外重大奖励，其中清华大学图书馆获国家优秀工程设计金奖，北京地铁东四十条站当选为北京20世纪80年代十大建筑之一，埃及亚历山大图书馆国际设计竞赛获国际建协授予的特别奖等。2000年获首届“梁思成建筑奖”、“全国工程设计大师”称号，2005年当选世界华人建筑师协会荣誉理事。

11. 中国工程院院士、著名建筑学家钟训正

建筑学家，东南大学教授。现任中国建筑学会理事、中国建筑师学会名誉理事、江苏省土木建筑学会副理事长。长期致力于建筑教学、创作和研究工作。早

年所做的北京火车站综合方案及南京长江大桥桥堡方案均经周总理选定而实施。主持设计的无锡太湖饭店新楼、甘肃画院及海南三亚金陵度假村，在建筑传统与创新、建筑与自然环境以及建筑技术与艺术的辩证统一关系上创出特色。在南京古城区中华雨花两路的改建任总建筑师期间，为古城区市容和环境的改善作出贡献。《建筑画环境表现与技法》等著作多次在国内外出版、获奖。

钟先生从事建筑教育和科学研究五十余载，培养了100余名博士、硕士研究生，现受聘兼任哈尔滨工业大学荣誉教授。他的建筑画作品曾多次入选全国建筑画展,在前四次全国建筑画展中有16幅中选出版。他撰写的论文“北京建筑刍议”在世界华人交流协会和世界文化艺术研究中心所举办的国际交流评选活动中，获国际优秀论文奖。

12. 中国工程院院士、著名建筑大师马国馨

建筑学家，北京市建筑设计研究院教授级高级建筑师、顾问总建筑师，第二届“梁思成建筑奖”获得者，全国工程勘察设计大师，主持和负责多项国家和北京市的重点工程项目，如毛主席纪念堂、国家奥林匹克体育中心、首都机场新航站楼、停车楼等，在设计中创造性地解决技术难题和关键性问题，为工程的顺利开展和建成作出了重要贡献。在建筑历史、建筑理论、建筑规划、景观设计、建筑评论等领域进行了富有开拓性的工作,发表学术论文百余篇。1994年被授予“中国设计大师”荣誉称号。

13. 中国工程院院士、著名生态学家李文华

国际欧亚科学院院士、国际著名生态学家，现任中国科学院地理科学与资源研究所研究员，中国人民大学环境学院名誉院长、教授。多年在青藏高原和西南地区从事森林生态、自然保护、生态建设、生态农业与农林复合经营、生态经济等领域的研究，在森林生态学、森林群落地理学领域有着杰出建树。率先将计算机技术应用到生物量的制图上，开拓了我国森林生物生产力的研究；率先提出了青藏高原森林地理分布基本规律，开辟了红壤丘陵地区生态系统研究领域；首先系统总结了农林复合经营的理论体系，提出了我国农林复合经营应用模式，为我国可持续发展提供了一项重要的技术支持。曾出版我国第一部《中国的自然保

护区》等著作，主编20部专著、文集及有关自然资源、生态建设与环境保护方面的系列丛书40余部，兼任《自然资源学报》和瑞典皇家科学院《人类环境杂志（AMBIO）》中文版主编，发表论文200余篇。先后获13项国家和省部级奖，在国内外获得多项荣誉称号，被国务院授予“为科学事业作出突出贡献的科学家”称号。

14. 中国工程院院士、著名建筑大师戴复东

建筑学与建筑设计专家，现任同济大学建筑与城市规划学院名誉院长、教授、博士生导师。参加大型规划2项，均获一等奖；参加国内外设计竞赛，获一等奖4项；设计工程70余项，获省部级奖2项。撰写专著7部，论文100余篇，译作1部，并取得国家2项专利。1984年在美国纽约市哥伦比亚大学做访问学者时，获得贝聿铭华人学者奖学金的第一届奖金，用这笔奖金，他单身乘公共汽车遍访美国32座城市，对其城市、乡村各方面环境进行调研，获得第一手感性资料。

15. 中国工程院院士、著名建筑大师李道增

建筑设计方法与理论专家，现任清华大学建筑学院教授、博士生导师。对建筑设计有广泛的实践和深入的理论研究，专精于剧场设计，通晓中外剧场的历史发展。1958~1960年主持国庆工程国家大剧院与解放军剧院的建筑设计（因财力所限未建），其中天桥剧场方案获首都十佳优秀公建方案第一名。他的著作《环境行为学概论》、论文《新制宜主义》的建筑观和对建筑中可持续发展问题的研究大体构成他设计哲学的主干，由他主持设计、在全国竞赛中获首奖的“建筑者之家”方案就是根据这一理论创作的。

16. 中国工程院院士、著名建筑大师何镜堂

建筑设计及理论专家，华南理工大学建筑学院院长，建筑设计研究院院长，以“中国馆之父”闻名于世，被誉为“校园建筑设计掌门人”。长期从事建筑及城市规划的教学与研究，提出了“两观”（整体观、可持续发展观）、“三性”（地域性、文化性、时代性）的建筑哲理和创造思想，并体现在其大量的建筑创作作品中。主持了100多项重大建筑工程设计项目，获国家、部、省级优秀设计奖

40 多项，其中国家金奖 1 项、银奖 2 项、铜奖 2 项，一等奖 13 项、二等奖 14 项。主要代表作包括西汉南越王墓博物馆、大都会广场、中国市长大厦、鸦片战争海战馆、深圳科学馆、浙江大学新校区总体规划及主楼、广州大学城、北京奥运羽毛球馆、北京奥运摔跤馆、上海世博会中国馆等。主要论文有"文化环境的延伸与再创造"、"超高层办公建筑可持续发展研究"、"鸦片战争海战馆创作构思"等，主要学术著作有《当代中国建筑师——何镜堂》等 4 部专著。2001 年获首届"梁思成建筑奖"。

17. 中国科学院院士、著名规划大师和建筑学家郑时龄

建筑学专家，法国建筑科学院院士，同济大学建筑与城市空间研究所教授。长期从事理论研究、建筑教学和建筑创作活动，在 30 多年的建筑创作实践中，致力于将建筑设计与理论相结合，追求创作活动的学术价值。将学术思想融于建筑教学之中，形成自成一体的建筑教学思想，建立了"建筑的价值体系与符号体系"理论框架，奠定了建筑批评学的基本理论。出版主要专著 4 部，译作 2 部，在国内外发表学术论文 50 余篇，设计作品 30 余项。专著《建筑理性论》和《建筑批评学》建立了"建筑的价值体系和符号体系"这一具有前沿性与开拓性的理论框架，后者以批判精神面向未来建筑的发展，奠定了这门综合学科的理论基础，填补了该领域的空白，并应用该理论在上海建筑的批评与建设实践中起到了重要作用。

18. 中国科学院院士、著名经济地理学家陆大道

经济地理学家，现任中国科学院地理科学与资源研究所研究员，中国地理学会理事长。长期从事经济地理学和国土开发、区域发展问题研究，尤其是工业布局影响因素的评价，初步建立了我国工业地理学的理论体系。参与了《全国国土总体规划》、《环渤海地区经济发展规划》等多项国家级及地区级规划的制订和战略研究。主持或参与起草了大量关于国土开发和区域发展与治理方面的报告和建议，其中 9 份由中国科学院呈送国务院，十多次参与国家计委的重要规划和报告的起草。主持编制了 1997、1999、2000、2002 中国区域发展报告（系列），对我国国土开发、区域可持续发展的基础和态势进行了系统的跟踪评价。

19. 中国工程院院士、著名城市规划专家邹德慈

城市规划专家，现任中国城市规划设计研究院学术顾问，中国城市规划学会副理事长。长期从事城市规划研究与设计工作，主持和参加了重点新工业城市的总体规划、天津震后重建规划、三峡工程淹没城镇迁建规划及多个重要科技咨询项目，包括首都总体规划、上海发展战略研讨等。近年来重点研究城市化与可持续发展、城市生态环境规划和城市设计等前沿性课题，其主持的“温州城市生态环境规划研究”获浙江省2000年优秀规划一等奖及2003年华夏优秀建设科技二等奖。参加“中国大百科全书”一、二两版有关城市规划条目的编写及编审工作，担任“全国自然科学名词”审定委员等。1980年来发表论文近百篇，专著、译著4部，提出的有关现代城市规划的很多理论观点在国内有较大影响。

（注：本书简介的我国规划名家，均是2003年之前当选的中国科学院院士和中国工程院院士。）

文献资料简介

1.《雅典宪章》

《雅典宪章》，即国际现代建筑协会（CIAM）于1933年8月在雅典会议上制定的一份关于城市规划的纲领性文件——“城市规划大纲”。它集中反映了当时“新建筑”学派，特别是法国建筑师勒·柯布西耶的观点。“宪章”提出，城市要与其周围影响地区成为一个整体来研究，城市规划的目的是解决居住、工作、游憩与交通四大功能活动的正常进行。“宪章”认为，城市的种种矛盾是由大工业生产方式的变化及土地私有而引起的，应按全市人民的意志进行规划，其步骤为：在区域规划的基础上，按居住、工作、游憩进行分区及平衡后，建立三者联系的交通网，并强调居住为城市的主要因素。“宪章”指出，城市规划是一个三度空间科学，应考虑立体空间，并以国家法律的形式保证规划的实现。

《雅典宪章》是对世界各国城市规划具有重要指导意义的第一部城市规划

大纲，是一部影响极为深广的有关城市规划的理论性和方法性重要文献，具有三大贡献：一是提出城市与其周围区域之间是有机联系的，城市与周围区域之间不能割裂；二是创造性地概括了城市的四大功能：居住、工作、游憩、交通，尤其强调了四大功能的相互协调和阶段实施的功能平衡，这是研究和分析现代城市规划时最基本的分类；三是提出保存具有历史意义的建筑和地区的重要性。

2.《马丘比丘宪章》

1977年12月，一些国家的著名建筑师、规划师、学者和教授在秘鲁首都利马集会，以《雅典宪章》为出发点，讨论了30年代以来城市规划和城市设计方面出现的新问题，以及城市规划和城市设计的思想、理论和观点。12日在秘鲁马丘比丘山的古文化遗址签署了具有宣言性质的《马丘比丘宪章》。

《马丘比丘宪章》肯定了《雅典宪章》仍然是关于城市规划的一项基本文件，它提出的许多原理至今依然有效。但是，近几十年世界工业技术空前进步，极大地影响着城市生活以及城市规划和建筑，无计划的爆炸性的城市化和对自然资源的滥加开发，使环境污染达到了空前的、具有潜在灾难性的程度。根据这些新的情况，《雅典宪章》的某些思想和观点已不适应当前形势的发展变化，应该加以修改和发展。

《马丘比丘宪章》在规划和设计思想方面还提出了一些重要见解。指出：区域规划和城市规划是个动态过程，它不仅包括规划的制定，也包括规划的实施，这一过程应能适应城市这个有机体的物质和文化的不断变化；每一特定城市和区域应当制定适合自己特点的标准和开发方针，防止照搬照抄来自不同条件和不同文化的解决方案；现代建筑的主要任务是为人们创造合宜的生活空间，应强调的是内容而不是形式，不是着眼于孤立的建筑，而是追求建成环境的连续性，即建筑、城市、园林绿化的统一；技术是手段而不是目的，应当正确地应用材料和技术；要使群众参与设计的全过程。“宪章”充分考虑了第二次世界大战后城市化进程中出现的新问题，总结了实践经验，提出了一些卓越的思想观点。

3. 欧共体《城市环境绿皮书 1990》

1990 年,欧洲共同体委员会在比利时首都布鲁塞尔发表了《城市环境绿皮书》(以下简称《绿皮书》),讨论了城市增长对环境的影响和对城市未来生活质量的影响这两方面的问题。《绿皮书》分析了城市环境问题产生的原因,认为城市地区环境的恶化和生活质量的下降这两方面问题产生于相同的原因,即城市扩散和城市功能在空间上的分离给环境和资源造成了不利的影响。《绿皮书》提出了欧洲共同体解决环境问题的战略决策,这就是在整个欧洲要发展高密度的、结构紧密的城市,从而保护环境,提高生活质量。《绿皮书》指出,今后所有的城市开发都应当限定在现有的城市边界以内;城市的土地利用应当是综合的;高密度的城市内将形成稠密的、革新的、文化丰富的城市社会环境。

4. 联合国“人居二”会议《伊斯坦布尔宣言》

1996 年 6 月联合国人类住区会议(人居二)在土耳其伊斯坦布尔举行,在此之前 20 年,即 1976 年,联合国第一届关于人类住区的会议在加拿大温哥华举行。在“人居二”会议上,171 个政府通过了《伊斯坦布尔宣言》和《人居议程》(原则、承诺和行动计划),以处理城乡人类住区的有关问题,包括下一个世纪的问题。

伊斯坦布尔宣言是一项高级别政治承诺声明,源自《人居议程》,也支持《人居议程》。宣言共有 15 段,其中各国政府承诺执行《人居议程》的建议,并重申致力于“让全人类享有更高的生活水准、更大程度的自由”。政府在宣言中承诺处理各国尤其是工业国家的不可持续的消费和生产形态;不可持续的人口变化;无家可归问题;失业;资源不足;缺乏基本基础设施和服务;治安恶化和暴力;对灾害越来越无力对付等问题。宣言并指出,有关行动必须符合预防原则,而且要由各国量力而为。

5.《北京宪章》

1999 年 6 月 23 日,国际建协第 20 届世界建筑师大会在北京召开,大会一致通过了由吴良镛教授起草的《北京宪章》。《北京宪章》总结了百年来建筑发展的历程,并在剖析和整合 20 世纪的历史与现实、理论与实践、成就与问题以及各种新思路和新观点的基础上,展望了 21 世纪建筑学的前进方向。这一宪章被公认为是指导21世纪建筑发展的重要纲领性文献，标志着吴良镛先生的广义建筑学与人居环境学说，已被全球建筑师普遍接受和推崇，从而扭转了长期以来西方建筑理论占主导地位的局面。

6.《中国城市规划广州宣言》

2006年9月，在“中国城市规划学会成立50周年庆典大会”上发布了《中国城市规划广州宣言——以科学规划，促和谐发展》，提出走好具有中国特色的城镇化之路，建设健康安全、人人享有的城市；规划师要勇于求真情况、讲真道理、做真规划。《宣言》旨在向世人宣示中国城市规划师对于城市发展问题的基本立场，向社会宣传城市规划专业知识与价值观念，以期引起政府和公众对于城市规划问题的关注。

7.《周礼·考工记》

《周礼·考工记》是我国最早的有关城市规划思想的著作，它奠定了中国古代城市建设的基本格局，体现了传统的社会等级和宗教礼法。《周礼·考工记》中记载的“匠人营国，方九里，旁三门，国中九经九纬，经涂九轨，左祖右社，前朝后市”，就是对那个时代城市布局的描述，对后来的都城布局有着很大影响，如隋唐长安、东都洛阳、元大都等，《周礼·考工记》所记载的城市形制在这些都城中得到越来越完整的体现。其特点是，分区明确，等级严格，以宫城为中心，呈中轴线布局，表现出城市形制的皇权至上理念。

8.《管子·乘马篇》

《管子》是中国古代的学术典籍之一，先秦诸子时代百科全书式的巨著，齐相管仲（约公元前723~公元前645年）的继承者、学生，收编记录管仲生前思想、言论的总集，我国古代有关城市规划的理论性阐述就散见其中。全书共七十六篇，十六万字，为《论语》的十倍，《道德经》的三十多倍，是最宏伟的中国先秦单本学术论著，其中包括《牧民》、《山高》、《乘马》、《轻重》、《九府》等篇章。《管子·乘马篇》是管子学说中有关城市规划方面的思想论述，如《管子·乘马篇》强调城市的选址应“凡立国都，非于大山之下，必于广川之上；高毋近旱，而水用足；下毋近水，而沟防省”，在城市形制上应“因天材，就地利，故城郭不必中规矩，道路不必中准绳”，同时还提出将土地开垦和城市建设统一协调起来，农业生产的发展是城市发展的前提；在城市内部应采用功能分区的制度，以发展城市的商业和手工业，反映了中国古代城址选择和规划建设的思想，丰富了中国城市规划的理论宝库，对后世的城市规划和建设产生了深远影响。

为人民规划——读《名家谈规划》有感

“为人民规划”，一句简短的箴言，深刻地道出了城市规划的主旨和真谛，从本质上诠释了规划工作的根本目的。这也是济南市规划局局长王新文博士主编的《名家谈规划》一书所要表达的宗旨所在。

《名家谈规划》一书是王新文博士多年潜心研读的心血结晶。闻悉多年前王新文博士在美国学习期间，阅读了大量涉及规划、建筑、历史、文化等领域的历史典籍、文献资料、学术专著等，撷取精华，点滴积累，形成厚厚的几本读书笔记。本书汇集了古今中外很多规划名家的经典言论，闪烁着智慧的光芒，它们对于从事城市规划领域的科研与管理工作的人们、关心城市发展的政府官员和社会各界，均有一定的启发与教益。很多内容对我国城市规划、建设中面临的突出问题，具有很强的针对性。

“为人民规划”

早在半个多世纪前美国规划理论家约翰·福里斯特在其经典著作《面临强权的规划》中，旗帜鲜明地提出“为人民规划”的观点，这一目标至今仍然是全世界规划工作者为之奋斗的最高境界。1898年现代城市规划理论的奠基人埃比尼泽·霍华德的“田园城市”理论，提出以人的尺度为依据构建田园城市，反映了早期城市规划理论以人为本的思想。美国著名城市理论家刘易斯·芒福德指出：“城市最好的经济模式是关心人和陶冶人”。1933年世界第一个城市规划大纲《雅典宪章》，就提出了“对于从事于城市规划的工作者，人的需要和以人为出发点的价值衡量是一切建设工作成功的关键”。1977年的《马丘比丘宪章》更是强调了为人民规划的思想，提出规划“应该按照可能的经济条件和文化意义提供与人民要求相适应的城市服务设施和城市形态”。我国建筑学家梁思成先生指出：“城市规划的最高目标是使市民安居乐业”。“人”永远是城市的主体，人的需要也正是城市规划的需要。

“城市规划就是政治”

美国规划大师迪尔旗帜鲜明地指出，“城市规划就是政治”，直率地道出了规划的政治属性。刘易斯·芒福德也鲜明地指出：“真正影响城市规划的是最深刻的政治和经济的变革”。在以往的研究中，一般将政治作为规划的背景因素考虑，使内在于规划过程中的政治只被认为是影响因子，始终没有用政治的观点审视规划行为。事实上，现代城市规划自诞生之日起，就不是一种简单的技术手段，霍华德提出的“田园城市”就反映了一种社会改良的政治诉求，规划师们对于城市理想状态的构想，是以符合具体的政治目标为首要任务的。《周礼·考工记》记载的中国传统城市规划所体现的就是统治者的“王权”思想，中国自古以来的皇城布局，与其说是理性的考量，不如说是权力的彰显；与其说是工匠的设计，不如说是政治的决定。城市规划的过程是促使具有不同意见的各利益主体就共同利益达成妥协和一致的过程，这一决策过程显然是政治的。因此，美国城市事务与规划学教授约翰·M·利维指出“规划是一项高度政治化的活动”。美国规划理论家诺顿指出："规划就是政治过程"。

规划受社会政治制度的影响和制约，是政府调节公共利益的政策工具，规划编制、管理、服务的过程实际就是利益博弈的过程，必须从政治和全局的高度统筹谋划规划工作，解决好为谁规划、为谁服务的问题，广大人民群众的根本利益是规划工作的出发点和落脚点，"为人民规划"才是明智的选择。"城市规划就是政治"这一论点对规划工作者提出了更高的要求，不仅要有精湛的专业技术水平，还要有很强的政治敏锐性和准确的判断力。始终坚持人民群众利益至上和社会公共利益至上的原则是规划工作者亘古不变的政治立场。

"真正的城市规划必须是区域规划"

《名家谈规划》书中"区域规划"一章以刘易斯·芒福德的这一著名论断开篇，阐明了城市规划本质上是区域规划的重要思想。早在一个多世纪之前，霍华德就前瞻性地提出："用城乡一体化的新社会结构形态来取代城乡对立的旧社会形态"。刘易斯·芒福德亦高瞻远瞩地提出："城与乡，不能截然分开；城与乡，同等重要；城与乡，应当有机结合在一起"，对现代城乡规划具有重要指导意义。

一个多世纪以来，西方对于区域规划、城乡统筹的理论研究不断深入。《雅典宪章》指出："城市应该根据它所在区域的整个经济条件来研究，所以必须以一个经济单位的区域规划，来代替现在单独的、孤立的城市规划"。《马丘比丘宪章》指出："规划必须在不断发展的城市化过程中反映出城市与其周围之间基本的、动态的统一性"。刘易斯·芒福德则认为："城市的活动有赖于区域的支持，区域的发展取决于城市的推动"。在我国，由于过去长期以来的城乡分割，造成城乡二元结构十分突出，城乡差距日益拉大。"五个统筹"、"构建和谐社会"、"建设社会主义新农村"等一系列重大战略思想的提出，为城乡规划工作指明了方向。

"文化是城市的灵魂"

一座城市的魅力，在于特色，在于内涵，在于文化。文化是城市的根基和灵魂，是城市的魅力所在。一座没有文化的城市只具有躯壳，而没有灵魂。古今中外规划名家对于城市文化的灵魂意义都有过非常精辟的论述。如刘易斯·芒福德指出："城市是文化的容器"、"城市的意义在于贮存文化、流传文化和创造文化"。两院院士吴良镛先生指出："文化是建筑和城市之魂，我们必须强调历史文化在城市建设中的核心地位"。伊利尔·沙里宁指出："城市是一本打开的书，从中可以看到它的抱负"、"让我看看你的城市，我就能说出这个城市居民在文化上追求的是什么"。的确，从书中、从城市布局中、从建筑品位中、从市民面孔中，都可以看到城市的文化底蕴、人文内涵和文化品位。

当今时代，城市文化已作为一种"软实力"，是城市生命力、凝聚力和创造力所在，成为城市综合竞争力不可或缺的要素，对于城市的发展发挥着越来越强大的推动作用。一个城市如果没有文化，就没有特色和个性，就会黯然失色，城市的竞争力将会大大削弱。文化是城市生长的灵魂和生命力，是城市最好的"名片"，是城市人文特色、文化底蕴及文脉的延续。正是由于城市具有了特定的文化特色，才能使城市的历史与现代、形态与内涵、物质与精神高度融合、浑然一体、延续不断。

"城市是一部史书"

刘易斯·芒福德曾说过："城市是靠记忆而存在的"。新加坡规划师刘太格说过："城市是一部史书，每一个历史时期都有属于它的一页，这部书是历史的记忆"。城市的形成演变是历史的过程，经历着无数的沧桑变迁，而每一个变化都给城市留下深刻的烙印，都见证着城市的历史记忆，因此一座城市就是一部"历史"。要认识一座城市，首先必须了解这座城市的历史。正如日本建筑师黑川纪章所说："建筑是本历史书，在城市中漫步，应该能够阅读它，阅读它的历史、它的意韵"。

城市的历史文化遗产反映了城市独特的文化传统与文脉特征，是城市发展之"根"，是城市可持续发展的不竭源泉。任何割裂历史、摒弃历史文化遗产的城市，都注定是没有生命力的贫瘠的城市。国内外城市发展的经验表明，越是现代化的城市越重视保护历史文脉，越是历史文脉深厚的城市越富有魅力。两院院士吴良镛先生指出："城市总是需要新陈代谢的，这种代谢应当像新老细胞更新一样，是一种'有机'的更新，而不是生硬的替换。只有这样，才能维护好古城的整体风格与肌理”。必须对城市历史文化遗产进行有机保护与更新，大力倡导“积极保护观”，继承、保护、发扬、利用相结合，保护城市生命之“根”，延续城市发展之“脉”，弘扬城市底蕴之“魂”，我们的城市才能更加富有个性、特色和永恒的魅力，才能保持持久的旺盛的生命力。

《名家谈规划》一书，以它丰富的内涵、精简的论述，浓缩了很多规划理论的精华，为关心城市、关心规划的人们提供了很好的理论视角。正如王新文博士在该书扉页中所言：“感悟名家的思想，沐浴理想的光芒，启迪探索的智慧，引领发展的航向”。

（张杰　清华大学建筑学院教授）

后　记

“读一本好书，就像和许多高尚的人谈话”。编著本书旨在搭建一座普通规划工作者与名家大师对话的桥梁。本书收录的名家论述，主要源自王新文博士二十年来的学习心得和其间形成的十几本读书笔记，历经数年整理，形成全书基本框架。

本书再次出版，是编著者进一步搜集整理、筛选提炼和去芜存菁的过程，期间得到了济南规划系统同事们的参与和支持，也得到了国内外同行的指导和支持。刘晓虹同志负责本书具体策划工作，筛选汇编了大量规划名家的经典论述、名家简介及济南市规划系统干部职工的感言。秦杨同志除参与收集整理工作外，还完成了书稿的文字校对工作。马交国、张蕾、刘馨、庞文治、杨继霞、娄淑娟同志也分别收集了部分规划名家的经典言论。中国建筑工业出版社的编辑们为本书排版、编辑付出了辛勤劳动。在此一并致谢！同时，谨以此书向各位规划大师和前辈致敬！

由于水平有限，本书可能存在诸多不足之处，衷心希望各位同仁和广大读者批评斧正！

丛书编委会